北京地处华北平原北端，毗邻渤海湾，西部、北部和东北部三面环山，东南部是一片平缓的冲积平原，整体地势西北高、东南低，境内拥有永定河、潮白河、温榆河、北运河、拒马河等多条河流。北京地区四季分明，夏季高温多雨，冬季寒冷干燥，春秋两季短促。如此独特的地理位置和优越的自然条件，使得北京不仅是文化古都，同时也是自然之都。北京地区拥有数量丰富的野生动物，其中有过观测记录的野生鸟类约有515种，约占中国鸟种总数的三分之一。北京拥有如此丰富的鸟类资源，是观察野生鸟类活动、迁徙的极佳胜地。

　　近年来，北京大力推进生态文明建设，环境质量大幅改善，享受自然之美的人们越来越多，尤其是观鸟人数也在快速增长。为了满足广大观鸟爱好者的需求，我们编写了《北京观鸟地图》一书。书中资料翔实，物种信息简洁准确，对鸟类的行为、分布、居留型等都进行了具体描述，兼具科学性与趣味性；鸟类图片精美清晰，在提供鸟类"标准照"的同时，注重展现鸟类栖息的生态环境；同时，还列举了北京地区多个著名观鸟地点及观鸟攻略，并介绍了观鸟的基本方法。全书文字、图片都来自作者及专业观鸟团队的多年积累，是对北京地区鸟类资源的观察、记录、研究的详细梳理。

我们希望通过《北京观鸟地图》这本书，为广大的观鸟爱好者和自然爱好者提供帮助，让更多的社会大众了解鸟类、了解观鸟，可以引领大家走进自然的殿堂。"学会了观鸟，就拥有了一张通向大自然剧院的终身免费门票。"北京将成为人与自然和谐宜居之都、全球生物多样性之都，希望生活在这里的人们都可以感受到自然之美。

关翔宇

"生活中不缺乏美，而是缺乏发现美的眼睛。"我们周边有着众多的美丽的飞羽精灵。观鸟这些年，走过高山、盆地、平原、江海，只为与它们邂逅。让我们一路同行，去领略这缤纷炫彩的飞羽世界。扫描二维码，获取更多鸟类科普知识。

北京
观鸟
地图

关翔宇
刘 莹

北京出版集团
北京出版社
· 北京 ·

山鹛（沈岩／摄）

京城观鸟好去处

　　鸟类是陆生脊椎动物中数量较多的一大类群。全世界约有11000种鸟类，我国有1493种，是世界上鸟类资源最丰富的国家之一。北京地区濒临渤海，位于全球八大候鸟迁徙路线之一的"东亚—澳大利西亚迁徙线"上，是众多候鸟的迁徙途经地。

　　在上大学真正开始观鸟前，我在北京只见过麻雀、喜鹊、灰喜鹊、"乌鸦"、"啄木鸟"、"野鸭"这几种鸟。对于生活在这里的绝大多数人来说，北京是一座钢筋水泥建构的现代化大城市，这里充斥着汽笛的喧嚣，满眼望去，川流不息的人群急匆匆地穿过大街小巷。实际上北京既是文化之都、经济之都，也是自然之都。

　　北京的西、北、东北群山环绕，东南是缓缓向渤海倾斜的平原，兼具了高山、草原、湿地等多种生境，又处在鸟类迁徙通道之上，是一个极佳的观鸟胜地。你可知道，北京地区已记录的野生鸟类已超过了500种；就在北京的城市公园里，半天的时间看到30种以上的野生鸟类并非难事；甚至在春季迁徙季节，在国家植物园北园（原北京植物园）、圆明园等城市公园里，一个上午就有可能看到50种以上的鸟类。

　　北京地区有如此丰富的鸟类资源，那么在什么时间，去什么地方可以看到这些美丽的鸟类呢？下面我们就简单聊聊如何使用这本书在北京体验观鸟的乐趣。

时间

我们以季节为重要坐标，带你走入北京，去体验鸟类随季节的变动。春秋季节无疑是北京观鸟的最佳时间，这两个时间段可以看到的鸟种数，约占北京鸟类总数的80%。也就是说除了可遇而不可求的迷鸟和少量的夏候鸟、冬候鸟，其余的鸟类，春秋两季都有机会看到。早春和深秋时节，雁鸭类有时集成大群，京郊的水库中或是附近的农耕地，是它们理想的加油站。每年5月和9月前后是猛禽迁徙的黄金时段，我曾经几次在百望山看到过单日超过千只猛禽从头顶飞过。想象一下，传说中的"鹰"如河流般由远而近，成群的猛禽在头顶盘旋成"鹰柱"的壮观景象，也许那是只有观鸟人才能体会到的快乐。

夏季对于鸟类来说，是一年中最重要的季节，繁殖是夏季的主题。鸟类的繁殖，有很多非常有趣的现象。就在我们身边的城市公园中，每年夏季都会上演一幕幕大戏，其中以大杜鹃和东方大苇莺的爱恨情仇最为震撼。北京的高山上，还有着褐头鸫、绿背姬鹟等几种狭域繁殖的鸟类等着你去发现。闷热的夏季去北京山区观鸟，也是个避暑的好法子。

在冬季的周末，多数人们宁肯在家中睡个懒觉也不愿出门游玩，但对于观鸟人来说，寒冷的冬季是赏鸟的好时节。京郊的水库旁，只要是不冻的水面，总是有雁鸭类的水鸟出没。城市公园中，成群的燕雀、红尾斑鸫、银喉长尾山雀在树丛中忙着觅食。冬季鸟类因为保暖需求而经常"炸毛"（长出很多绒毛），显得圆滚滚的，格外呆萌。加之冬季枝叶萧条，更有利于我们发现、欣赏和拍摄鸟类。

本书以地点作为重要参考，我们从城区到京郊，从城市公园、湿地、山区等多种生境来展现不同环境中鸟类的不同分布情况。很多鸟类都有各自偏爱的生活环境。比如戴菊、多种山雀喜好在针叶林活动；红喉歌鸲、蓝歌鸲喜好在林下灌木丛活动；乌鸫、北灰鹟喜好在林缘开阔地带活动；麻雀、喜鹊喜好在人类居住地附近活动。熟悉并找对了鸟类的生活环境，就大大增加了遇到目标鸟种的成功率。

再说观鸟，俗话说"三人行必有我师"。独自一个人观鸟，观鸟水平的提升肯定很慢。想要较为快速地迈进观鸟这个"大坑"，找对了组织是很重要的。很幸运，在北京地区，北京观鸟会、自然之友、北京飞羽，还有我的公众号"观翔羽"，都会经常组织一些观鸟活动。这些活动各有千秋，相信总有一款适合你。

国外有句话说："学会了观鸟，就拥有了一张通向大自然剧院的终身免费门票。"观鸟对于地点和时间没有过多的要求，如前所述，就算是寒冬中的北方，也同样有鸟类可以生存。观鸟的入门门槛并不是很高，一台望远镜、一本鸟类图鉴、一个记录本，这就足够开启你的观鸟生涯。生活中处处都有惊喜，观鸟也是一样，不走进野外观鸟，我们永远不知道下一秒会遇到哪些鸟。北京地区鸟类资源非常丰富，观鸟地点绝对不止书中所写的这几个。本书只是入门级的观鸟指导书，更多的精彩，还等着大家去发现。

黑头鸭（沈岩／摄）

目录

家燕（关翔宇／摄）

观鸟

你准备好了吗?

什么是鸟？

介绍观鸟之前，我们需先弄清楚什么是鸟。鸟类是体表被覆羽毛、有翼、恒温、卵生的高等脊椎动物。从生物学观点来看，旺盛的新陈代谢和飞行运动是其与众不同的进步性特征。旺盛的新陈代谢保证鸟类飞翔所需的高能量消耗，飞行运动能使鸟类迅速且安全地寻觅适宜栖息地，或躲避天敌及恶劣自然条件的威胁。因此鸟类是陆生脊椎动物中分布广泛、种类众多的一个类群。

卷羽鹈鹕 （关翔宇／摄）

什么是观鸟?

　　简单来说，观鸟就是使用望远镜、图鉴和记录本，到自然环境中去观察、识别野生的鸟类。与其他自然观察活动相比，观鸟有着自身独特的魅力。首先，观鸟的时间和地点限制很少。在我国北方的寒冬季节，昆虫很难看到，多数植物也已凋零，而鸟类却还是可以看到很多。其次，鸟类的行为相当丰富。观察鸟类飞翔、觅食、求偶等各种行为，总是乐趣无穷。另外，对于"外貌和气质协会"的朋友，观鸟可是不错的选择，它们有的霸气威猛，有的羽色艳丽，有的呆萌可爱，相信总有那么几种会令你心动。

海边观鸟　（张肖／摄）

观鸟需要什么设备？

　　望远镜是观鸟最重要的工具，选择一台适合自己的望远镜有助于快速迈入观鸟这个"大坑"。观鸟望远镜可分为两种：双筒望远镜和单筒望远镜。双筒望远镜轻巧，便于寻找鸟的行踪，是观鸟必备物品；单筒望远镜有更大的倍率，需要配合三脚架及云台使用，适合观赏距离较远的水鸟。如果是刚开始观鸟，单筒望远镜可以先不用考虑。

　　双筒望远镜也分两种，一种是保罗镜，另一种是屋脊镜。保罗镜结构简单，较为便宜，但体积大，分量沉，观看时真实感较差。屋脊镜体积较小，更为轻便，观看时更为舒服，但价格略高。综合来说，建议购买屋脊镜式望远镜。

观鸟物资 （关翔宇／摄）

望远镜能望多远呢？很多刚入门的鸟友都会问到这个问题。打开某些网站，我们常会见到"500倍""1000倍""可看月亮"等威风凛凛的广告语。乍一看好厉害，但仔细一想，不用望远镜好像也能看到月亮哟。正规的双筒观鸟望远镜通常是8~10倍，为什么不用倍率更大的？这是因为当倍率超过12倍时，手的抖动更容易造成影像不稳定及观察不舒适的情况。

　　还有鸟友经常会问：一台望远镜可以适用多久？这就要看望远镜本身的质量，还有就是保存和使用方式，比如我就见过小朋友拿着望远镜挖泥的，那使用期就不好说了……观鸟望远镜也是个"大坑"，一台顶级的双筒望远镜动辄上万元，有些顶级的单筒望远镜价格更是超过3万元，"填坑"可不容易。对于观鸟的初学者，我建议去正规的望远镜店铺购买一台千元以内的望远镜，就足以使用很长时间了。

　　观鸟的第二项必备物资就是鸟类图鉴。鸟类图鉴之于观鸟，相当于我们读书时使用的字典。通过查询它我们可以知道鸟的名字是什么，分布区域大概在哪里，生活习性有何特点等诸多信息。随着国内观鸟事业的发展，鸟类图鉴也愈加琳琅满目，有些适合观鸟新人，有些适合观鸟达人。

观鸟工具书、记录本

我国的观鸟工具书，必须先要说《中国鸟类野外手册》。这本书于2000年出版，是很多观鸟爱好者的启蒙书，在2022年春季，终于迎来了再版。2018年出版的《中国鸟类图鉴》也是非常好的选择。2021年出版的《中国鸟类观察手册》更是一本由国内画师完成的手绘版图鉴，值得拥有。照片版图鉴与手绘版图鉴各有所长，手绘版图鉴可以更好地凸显出鸟类的特征和细节，更方便进行鸟类相似种的识别；而照片版图鉴中的鸟类图片拍摄于野外，可以更真实地展现一些生境信息。如果去某些地区观鸟，一些地方性的观鸟手册也值得购买，比如适合华北地区的《北京鸟类图鉴》，适合华南和东部地区的《香港及华南鸟类》《台湾野鸟手绘图鉴》等。

如果对一些鸟种类群有所偏爱，也可以购买《猛禽观察图鉴》、*Owls of the World*、*Parrots of the World* 这些单一类群的图鉴。手机应用商店也有很多App应用和小程序可供学习，方便随时查阅，例如"懂鸟""鸟典"等。

观鸟记录本同样是观鸟必备物资，也是最容易被忽略的。一份完整的观鸟记录包括时间、地点、天气、温度、环境以及观鸟起止时间、种类、数量等信息，其中每个信息对于观鸟都可能有很大影响。随着观鸟记录的增多，我们可以更好地了解某些地区的鸟类变化规律。近年来，像"中国观鸟记录中心""eBird"等鸟类记录平台可以完成实时的数据传输，个人能及时把自己的观鸟记录传到网络上。不论是纸质记录还是电子记录，它们都是观鸟活动的宝贵资料。

随着相机的普及，拍鸟在我国也越来越风靡，拍鸟人群的数量甚至已远远超过了观鸟的人数。同时，部分观鸟人士也会在观鸟之余进行鸟类摄影，相机大有成为现代观鸟必备工具的趋势。传统的鸟类摄影以单反相机为主，画质高、对焦快、连拍多是其显著优势。不过就观鸟而言，某些长焦镜头过于沉重，高端的机身和镜头价格也较高。光学变焦相机（俗称长焦相机）适合预算有限的人群，它有亲民的价格、较轻的重量和较大光学变焦倍数等优点；但对焦速度慢，成像质量一般。近些年，微单相机快速更新换代，兼具便携性和较高的成像质量两项优势，成为了不少观鸟爱好者的钟爱。

观鸟是一项陶冶情操的户外活动。周末，挎上望远镜，带上图鉴和记录册，约上三五好友，漫步在公园或是郊外，欣赏着那些自由自在的鸟类，怎不惬意。

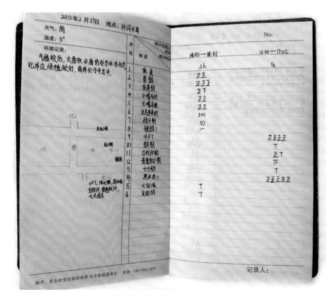

观鸟记录

如何观鸟

怎样找到鸟？

在野外观鸟，找到鸟是前提条件，但不同的鸟类可能栖息在不同地区，偏好不同的时间，在不同的生境活动。那么我们要根据哪些信息找到更多的鸟呢？

时间

俗话说"早起的鸟儿有虫吃"，这句话用在观鸟上，也算得上至理名言了。鸟类大多在清晨和傍晚活动，尤其清晨是很多鸟类的活动高峰期，是一天内最好的观鸟时间。当然所有的事情都并非绝对，例如鸮，也就是民间俗称的猫头鹰，则多数偏爱在夜间活动。

地点

"地点"从大范围来讲，可以理解为地理位置。首先要知道，目标鸟种的大致分布区。比如乌林鸮这种大型的鸮类，仅分布于我国西北和东北地区。而另一种中大型的鸮类——褐林鸮，则主要分布于我国长江以南地区。"地点"从小范围来说，也包括海拔位置。以长相相似的褐头山雀和沼泽山雀来说，前者喜欢生活在中高海拔地区，后者多栖息在低山或平原地区。

在同一区域分布的不同鸟类，它们的生活环境可能也有所区别。比如我国特有鸟种——绿尾虹雉，它喜爱在高山灌木丛和高山草甸地带活动。而同区域内还有一种名为红腹角雉的雉科鸟类，则喜爱在隐秘的林下活动。

生境

时间、地点、生境，是寻找鸟类的前期功课。对这些鸟类的基础信息掌握得越多，越有利于你寻找到更多的鸟类。

在我国极北地区分布的乌林鸮（关翔宇／摄）

如何识别鸟种？

作为观鸟新手，看到一只不认识的鸟，如何观察才能有效识别出它的种类呢？

看整体

观察到一只陌生的鸟，不要纠结于某些细节。首先要看鸟的整体特征，比如它大概有多大，如果不能准确看出体长，可以和其他熟悉的鸟种进行体形大小的对比，比如麻雀、斑鸠、喜鹊等；还可以看看这鸟的体形是瘦长形还是圆胖形的。通过以上信息，可先迅速判断眼前的鸟种是什么大类。

看细节

观察过大小和体形后，进一步就要看看细节特征了，比如喙的形状、翅的形状、尾的形状，有时候还要看眉纹、翼斑、上下喙颜色等细微之处。

综合判断

认鸟不能死板，很多同种鸟类也会随着亚种不同、性别不同、年龄不同而有各种变化。这就需要结合生境、行为、叫声等因素进行综合判断。

观鸟观什么？

　　随着对鸟类知识的熟悉，随着外出观鸟次数的增加，你会发现自己可以叫得出名字的鸟越来越多。那么，观鸟除了识别出鸟的种类，熟悉其习性外，还有哪些可看的内容呢？

　　很多观鸟爱好者都把野外目击的鸟种数的增加作为重要的追求目标，尤其在意一些罕见的种类。观察记录到个人新鸟种，是很多观鸟爱好者的最大乐趣。不过，过分追求新鸟种，而对看过的鸟不屑一顾，并不是一种好习惯。这不仅会失去很多欣赏鸟类的机会，也偏离了观鸟的初衷，丧失了乐趣。

观鸟种

　　鸟类的行为相当丰富，这是非常值得我们观察和思考的。如果鸟纹丝不动，那么到野外去观鸟，就和看标本、看照片没什么区别了。观鸟时除了识别所看到的鸟种，还可以观察它们的飞行、跳跃、觅食、求偶，甚至如何避敌……这些都极大提升了观鸟的趣味性。

观行为

在空中互相追逐的
白尾海雕
（关翔宇／摄）

**观
生态**

鸟类的生存脱离不开生态，有些鸟会非常依赖某些特殊的环境，比如长相似麻雀但却极度濒危的栗斑腹鹀，它在繁殖期非常依赖山杏和高草植被，如果在其他环境寻找，就很难看到它的身影。又比如我们在树林中看到一只圆胖胖的"沙锥"飞过，那很有可能是丘鹬，因为较之于其他相似种，丘鹬更喜欢林地环境。有鸟友说，观鸟就是观生态，可见注意周遭环境对观鸟的重要性。

观鸟是一项老少咸宜的户外活动。若是你有时间有兴趣，可以踏遍高山大川，去追寻难觅踪迹的罕见鸟种；也可以远渡重洋，去异国他乡追寻新种。如果没有那么多空闲，也可以利用周末走进公园去观鸟，或是在小区里仔细看看麻雀、喜鹊。观鸟是一件有趣的活动，不论何时何地，美丽的飞羽精灵总能出现在眼前。观鸟又是一件严肃的活动，观察、识别、记录，都需要严谨负责的科学态度，一份份积累起来的观鸟记录，是很有意义的资料。观鸟这些年，对我来说收获最大的，不是看了多少鸟，走了多少地方，而是发展了理性的思维，培养了判断能力。作为鸟类科普人士，我总是期待着，能有更多的人拿起望远镜，走向户外，去观赏这美好而有趣的飞羽世界。

附:

观鸟须知

1. 一些观鸟活动是在人迹罕至的山区或海边进行的，应注意人身安全，不可单独行动，不可擅自进入陌生林区和滩涂等危险地带。

2. 观鸟，是去野外观察、观赏野生鸟类，观察笼养鸟不算此类。

3. 观鸟时如遇鸟类筑巢或育雏，须保持适当的观赏和拍摄距离，不要干扰到鸟类繁殖。

4. 观鸟是一项安静的户外活动，活动中要保持安静，动作轻缓，不可高声叫嚷或聊天，不可抛掷杂物惊吓鸟类。

5. 有人说，观鸟不要穿红色、黄色等鲜艳的服装，尽量选择与自然环境颜色接近的衣服。其实鸟的反应与衣服颜色关系并不是很大，而与我们的行为更相关。我曾见过身着迷彩服的大叔扛着设备挺直身子迈开大步直奔鸟去，鸟在距离很远时就已飞走。接近鸟类时，放低身体，缓慢前进，留意鸟的反应，比衣服颜色要更加重要。

6. 拍摄野生鸟类时，应尽量采用自然光，避免或减少使用闪光灯，以免惊吓到鸟或者干扰其正常行为。

7. 观鸟或拍鸟，不可过分追逐野生鸟类。有些鸟可能因体能衰弱而暂时停栖于某一地区，此时，它们急需休息调养，过分的追逐行为，可能间接导致其受到伤害甚至死亡。

8. 爱护自然，不要随地吐痰、乱扔垃圾；不要随意折树枝、采摘花朵。

攻略

北京四季观鸟路线

春秋季篇

　　我国有1493种鸟类，迄今为止，北京地区记录到的鸟种约有515种，约占全国鸟种总数的三分之一。北京地区的多数鸟类为旅鸟，也就是说它们只是春秋季节迁徙路过北京，夏季不在北京繁殖，冬季也不在北京越冬。

　　鸟类迁徙，指的是每年春季和秋季，有规律、沿相对固定的路线、定时地在繁殖地区和越冬地区之间进行长距离往返移居的行为现象。鸟类为何要进行这种漫长的跋涉呢？目前还没有唯一的答案，其中一种比较符合现代生态学思想：鸟类起源于南方的热带森林，种群的大量繁殖造成了对食物需求量的增加，因此生态压力使得某些鸟类在夏季向北方冰川退却的地方扩散；而当冰川来临时再回到南方越冬。久而久之，便形成了定期迁徙的行为。

　　目前世界上有8条候鸟迁徙路线。其中北京位于"东亚—澳大利西亚迁徙线"上。北京地区生境复杂，河流、湖泊、山地、平原等为迁徙过路的不同鸟类提供了难得的栖息、觅食场所。西山地区是太行山余脉进入北京的最后一道山梁，每年的春秋季节，有上万只猛禽从这里飞过。如果你运气足够好，有时候一天就可以看到一两千只猛禽从西山上

空飞过。北京的众多城市公园，植被保存较好，也成为了众多迁徙过路林鸟的中转站。

春秋季篇，我们选择了京郊的野鸭湖湿地公园、西山的百望山森林公园，还有圆明园、颐和园、国家植物园北园这3个城市公园，带你走进鸟类迁徙世界。

密云水库畔集群的水鸟（关翔宇／摄）

野鸭湖

野鸭湖湿地自然保护区位于延庆西北部，处于官厅水库中上游，湿地面积近40平方千米，是北京最大的湿地自然保护区。这里记录了超过300种的野生鸟类，其中不乏金雕、白肩雕、大鸨、白鹤等多种珍稀鸟类。

会潜水的白骨顶（关翔宇／摄）

　　野鸭湖湿地公园鸟种丰富，交通方便，是广大观鸟爱好者的必去观鸟点。园区面积较大，进入园区后可先走到水边向西观看，辽阔的水面上，普通秋沙鸭、斑头秋沙鸭、凤头䴙䴘、白骨顶等多种水鸟都有机会看到，这里偶尔还记录过红胸秋沙鸭、长尾鸭、斑脸海番鸭等北京少见的鸟类。凤头䴙䴘每年都会来此繁殖，在野鸭湖地区，它们的数量远比颐和园要多。早春时期还可以看到凤头䴙䴘在水中跳舞求偶的场景。春秋季节在这里有时能看到上百只的大群的白骨顶，黑色的身体，白嘴白额头。它们在水中游弋时，脖子常随着身体向前方一探一探的。都说"人不可貌相"，鸟亦如此，它们可是潜水高手呢，游着游着，时常冷不丁地潜入水中，不见踪迹。

往北走，会经过一片面积很大的芦苇丛，有两种湿地精灵——文须雀和中华攀雀就生活在其中。北京地区很多湿地的芦苇常被割除，而野鸭湖的湿地中，常年长有大量的芦苇，这让喜好在其中活动的文须雀和中华攀雀如鱼得水。文须雀雄鸟眼下各具一道黑色的斑纹，恰如两撇胡须，这也是它名字的由来。这种小型鸟类有着长长的尾巴，在空中飞过时，上下一颤一颤的，非常俏皮。

自带胡须的文须雀 雄鸟 （关翔宇／摄）

中华攀雀绝对堪称鸟界杰出的建筑师，它们的巢修建得宛如一件艺术品。如果是春末夏初，有时候可以看到中华攀雀筑巢。它们叼着羊毛，在树枝上下翻飞，转上几个圈，羊毛就紧紧地缠裹在树枝上。而后在两根树杈间拉起细细的纤维，继续在树枝上翻绕，两根树枝间那细细的纤维慢慢扩展为一条"锁链"。花费工夫搭建的鸟巢，在完工后宛如一个艺术品器具。

青头潜鸭曾是我国东部常见的鸭科鸟类，但随着生态环境恶化，目前全球野生种群数量可能不足1000只。近些年，在野鸭湖湿地公园中，秋季时常可以观察到青头潜鸭的身影。

野鸭湖湿地公园西岸，有很大一片荒草滩，每年的早春和深秋时节，这里是观鹤的好去处。野鸭湖地区记录过至少5种鹤，绝大多数以灰鹤为主，有时可以看到一群几十只地飞来，如灰云一般。有时候成百上千只落在地上，灰压压的一片，它们彼此应和着——闭上眼，便能感受到鹤鸣九皋的悠然。在早春和深秋季节，如果你在野鸭湖的鹤群中仔细寻找，常能发现白头鹤、白枕鹤混于其中。

落在农田中的灰鹤（关翔宇／摄）

聪明的白鹭（关翔宇 / 摄）

春秋迁徙季节，大鸨偶尔也会停落在野鸭湖湿地公园周边开阔的农田或荒草地环境，西岸方向的康西草原有过不少记录。大鸨的雄鸟可是世界上可以飞行的鸟类中体重最大的。康西草原的荒草地中，还有另一个明星物种——东方鸻，这个小家伙与多数鸻鹬类鸟类不同，它们不钟爱湿地，更喜爱在草地和荒地活动。别看它们个头不大，跑起来可是不慢。

　　野鸭湖湿地公园还是鹭科鸟类的最爱，每年的春夏秋三季，大如苍鹭、草鹭，中如白鹭、夜鹭、池鹭等，小如黄苇鳽，在这里都不难看到。别看鹭科鸟类有着一种别样的"猥琐"之气，但它们的智商却不低。以苍鹭为代表的大型鹭类，喜好"守株待兔"式的捕食策略。从苍鹭的民间俗名"长脖老等"也可以看出它的捕食策略：选择一个木桩或是直接在浅水处，一动不动地屹立，有时可达数小时之久。它们等着猎物（以鱼为主）麻痹大意，游进自己的伏击范围内，突然扎入水中捕食。这种策略虽然不易捕食到数量众多的鱼，但优势是不用花费太多能量，就很容易获得足够的补给。

　　白鹭（又名小白鹭）是野鸭湖最常见的鹭科鸟类。它们的身材不算高大，和中等大小的行李箱高度相似，步伐十分灵活。白鹭的捕食策略多样，有时在水边伏击，静候机会。更多的时候，它们喜欢用双足在水底搅动，惊扰那些蛰伏不动的猎物，使得猎物在仓皇逃窜中被它们捕到。也许我们会疑惑白鹭为何有一对黄色的"足"，研究发现，这双鲜艳的黄足在水中也相当显著，搅动时可以更好地惊扰猎物，真可谓是一种适应环境的美妙进化。如果对白鹭不够熟悉，没准儿会把它的捕食行为认作是在水中翩翩起舞呢。

　　鹭科鸟类也不乏隐身高手，如黄苇鳽、大麻鳽。尤是大麻鳽，一身黄褐色，加上颈部的棕黄色纵纹是完美的伪装——若是它藏在芦苇丛中一动不动，很难被发现。大麻鳽在白天活动较少，如果你从它身边走过，它不会立即逃走，反而会将颈部慢慢伸长，此时若有微风徐来，它甚至会跟随芦苇，左右摆动颈部，与芦苇融为一体。想要找到它，可要练就一双"鹰眼"。

野鸭湖地区是众多候鸟临时的家，春秋过境时期，自然少不了猛禽出没。野鸭湖最著名的猛禽就要数短趾雕了，这种国内少见的中大型猛禽，在野鸭湖地区，每年的春秋迁徙季节都有记录。短趾雕和其他鹰、隼、鸢不同，它们不以鸟类、鼠类为主要食物，在它们的食谱中，蛇才是正餐。如果你有幸看到短趾雕，没准儿会见到这个大家伙叼着蛇在空中飞过。而且，短趾雕喜好边飞边吃，眼瞅着，短趾雕爪中蛇的长度，一点点地缩短，它吃起蛇来，有种我们吃辣条的感觉。

野鸭湖地区，倚靠松山，又环绕官厅水库，湿地公园也较好地保留了林地和大量的芦苇，为众多野生鸟类提供了丰富多样的生境。加上便利的交通，让这里成为北京地区春秋迁徙季节观鸟的最佳选择之一。

总结：

1.野鸭湖地区生境复杂，鸟类种类较多。

2.此处春秋季节有可能看到大群的候鸟。

颐和园——春江水暖鸭先知

　　每年的早春季节，雁鸭类是最早踏上北上征程的鸟类。早春三月，找个晴朗的周末，便可以游览一下颐和园这座皇家园林。它以杭州园林为蓝本，汲取了江南园林的设计手法，植被丰富，水域宽阔，为鸟类提供了不错的栖息环境。

　　昆明湖是颐和园的主要水域，它的面积约为颐和园总面积的四分之三，西堤及其支堤把湖面划分为3块大小不等的水域。如此广阔的水域，冰封初融时，在童话中象征着纯洁、高贵的天鹅在这里可不算稀客，运气好的话可以看到几十只的集群。大天鹅和小天鹅从远处看，很是相似。至于它们的区别呢，从名字中就可以看出一些，大天鹅体长约150厘米，小天鹅体长约140厘米。但两者不在一起时，个体的大小差异并不明显。这时候，我们就需要从体形和体态识别，大天鹅与小天鹅相比，脖子也显得要细长一些，更多时候呈"S"形。如果距离足够近，就可以看出大天鹅与小天鹅最明显的区别——大天鹅的喙部黄色面积较大且过鼻孔，而小天鹅的喙部黄色面积很小并且不过鼻孔。

喙部黄色较少的小天鹅（关翔宇／摄）

普通秋沙鸭、红头潜鸭、凤头潜鸭、斑头秋沙鸭、鹊鸭、绿头鸭、斑嘴鸭、赤膀鸭，都比较喜欢昆明湖、团城湖这种开阔水域。运气好的话你还可以看到普通秋沙鸭抓住大鱼在水面努力吞咽的情景。鸭子中最为常见的就要数绿头鸭了，那金属绿色的头部是雄鸟典型的识别特征，雌鸟却只有一身朴素的行头，雄鸟和雌鸟迥然不同的羽色时常会让人误认为是两种鸟类。还有，鸳鸯这种羽色艳丽的小鸟也属于鸭科鸟类，每年的3月底、4月初，鸳鸯便会来到颐和园准备繁殖，一直到9、10月才会离开。古人一直认为鸳鸯是忠贞爱情的象征，其实鸳鸯的雄鸟通常会在一个繁殖季节与多只雌鸟交配，它们和忠贞可是不沾边。

羽色艳丽的鸳鸯 左雌右雄 （关翔宇／摄）

　　每年的4月和9月，常有一种名为鹗的猛禽光顾颐和园。说起鹗这个名字你可能会觉得陌生，它也被人们叫作"鱼鹰"。这种鹰形目的猛禽被单独列为一科，它是世界上唯一一种可以将身体全部扎入水中捕食鱼类的猛禽，"鱼鹰"这个称号，可谓实至名归。鹗通常会在高空巡视水域。它的背羽毛深，腹羽毛浅，鱼类向上观望时，很难发现鹗。当发现猎物后，鹗会寻觅合适的狩猎机会出击。它发起攻击的武器不是喙，而是强劲有力的爪。如果鱼在近水面处活动，鹗会快速掠过水面，把锋利弯曲的利爪探入水中，刺进鱼的身体，任凭猎物如何挣扎也无法逃脱。

　　更多的时候，鹗需要完全冲入水中捕食。发现目标后，它会从十几米甚至几十米的半空快速俯冲，临近水面时将双爪置于身体前端，双翅半合扎进水面，伴随水花翻飞，鹗会提着战利品浮出水面，奋力拍动双翅飞入空中。鹗的羽毛浓密且具有一定的防水效果，这让它在短时间内浸入水中也不会被浸湿。它的脚爪上进化出了粗糙的脚垫，以便抓牢体表光滑的鱼。飞上天空后，鹗会用两只爪子抓住大鱼，同时一脚前一脚后地矫正鱼的姿势，使鱼头朝向前方，尽可能减少飞行的空气阻力。这家伙经常是迁徙、进食两不误，我们经常可以看到鹗一边在高空飞行，一边低头享用它的大餐。

北京一直是普通雨燕的重要繁殖地。每年4月中旬，会有大量的普通雨燕来到这里繁衍生息，直至7月中下旬离开，前往越冬地。资料显示，它们的越冬地在遥远的非洲南部地区。但这万里征程，普通雨燕究竟是如何完成的，迁徙路上又会经过哪些地区呢？早在10余年前，北京观鸟会就在颐和园八方亭对普通雨燕进行了环志工作。简单说，就是给普通雨燕佩戴金属脚环后，再将它们放归。但这种环志回收工作局限性大，只能是将环志的雨燕再次捕获后，逐一记录下捕获的时间、地点等信息，才能确定某一个个体的迁徙信息。如果想要了解它们的迁徙规律，则

远道而来的普通雨燕
（关翔宇／摄）

需要大量的数据积累才可能实现。

随着科技的进步，普通雨燕的迁徙之谜终于被解开了。2014年至2018年，研究团队在颐和园八方亭先后为66只普通雨燕佩戴微型光敏定位器。这种定位器轻便小巧，对飞行影响小，续航时间长。最重要的是，只要对定位器的数据进行读取，就可以完整获得其每天所处的大概位置。借助这种设备，科研人员成功获得了25只个体的定位器数据，进而精确地解析了它们的迁徙路径。普通雨燕于7月中下旬从北京出发，先向北进入内蒙古，再向西经新疆跨越天山，途经中亚、西亚，穿越阿拉伯半岛和红海，进入非洲大陆一路向南，最后于10月底、11月初抵达非洲南部的主要越冬地。次年2月左右，普通雨燕便启程返回，于4月前后再次回到北京。普通雨燕迁徙路上的往返距离大约3.8万千米，几乎接近地球赤道的长度，真是小身体蕴藏着大能量。颐和园，或者说北京城，是普通雨燕的重要繁殖地，希望我们可以一直看到它们在这里顺利地繁衍下去。

颐和园是北京观鸟者的不错选择之一，水鸟是此地的特色。通常水鸟个体较大，移动较慢，并且喜爱栖息在开阔的水面。这适合刚刚入门的观鸟爱好者发现、观察、辨识。

总结：

1.颐和园是春秋季节观水鸟的好去处。

2.水鸟有时距离较远，最好配备单筒望远镜观察。

圆明园

　　圆明园，由圆明园、长春园和绮春园组成，又称圆明三园。圆明园面积有350多公顷，其中水面面积约140公顷，建筑面积达20万平方米，有"万园之园"之称。圆明园是文化之园，这座皇家园林曾见证了中国历史的荣辱兴衰。圆明园也是自然之园，园区内地形复杂，植被丰富，大面积的人工林搭配上低矮的灌木丛，水域面积开阔的福海加上众多的河道、池塘，让圆明园成为北京城区内的观鸟胜地之一，在这里记录过的野生鸟类有260余种。

　　说起圆明园的鸟，可能很多人最熟知的就是黑天鹅。它们整体黝黑的身子配上血红色的喙部，加上长而弯曲的颈部，显得高贵冷艳。不过黑天鹅的原生分布地在澳大利亚、新西兰地区，我国的黑天鹅都是人工饲养的。

　　在圆明园观鸟，同样是四季均可，以春秋季节最佳。观鸟者乘坐地铁或是公交，在圆明园南门下车，进入南门后向西走50米，可以看到一片小型池塘，水中荷花众多，小䴙䴘经常在这里出没。看到人后，俗称"王八鸭子"的它们常常遁入水中，潜行一段，过不了多久，它们就从别处钻出水面，再仔细观察情况。如果感觉还有危险，小䴙䴘便会用双脚轮流快速在水面上踩踏离开，仿佛在施展"水上漂"的功夫。

擅长潜水的小䴙䴘（朱雷／摄）

池塘边生长着众多的菖蒲、芦苇等植物，羽色艳丽的普通翠鸟经常停落在上面。我的第一只普通翠鸟便是在此处看到的，还记得当时简直不敢相信这么"惊艳"的小鸟就生活在我们身边。

池鹭也很喜欢在这个小水塘附近活动，有时候它们低调地站在荷叶上，时刻等着给浅水中游过的小鱼致命一击。向北继续走几百米即是凤麟洲。水面上，绿头鸭、鸳鸯都有机会看到。

从凤麟洲出来向西北方向走一段是"夹镜鸣琴"。此地地理位置较为偏僻，游人相对较少，这里植被茂盛，北京常见的大斑啄木鸟、星头啄木鸟、灰头绿啄木鸟在这里都不难看到。大斑啄木鸟是我国分布最广、最常见的啄木鸟，这家伙最大的特点是它们有个红"屁股"，它们利用坚硬的尾羽在垂直的树上支撑身体，有时候看起来，就像有只鸟坐在一个红色的座位上。星头啄木鸟相对要小巧得多，灰头绿啄木鸟则是经常发出它那标志性的好似人大笑一般"哈哈哈哈哈"的叫声。此外，翅上有个明显白斑的北红尾鸲，两胁带红褐色晕染的红胁蓝尾鸲，"叽叽喳喳"叫个不停的大山雀和沼泽山雀，唱歌唱到停不下来、过境数量甚多的黄眉柳莺等小型鸣禽也都常在此出没。

会"大笑"的灰头绿啄木鸟 雄鸟（关翔宇／摄）

穿过"夹镜鸣琴"向北就是福海，福海是园内最大的人工湖。支上单筒望远镜，扫扫有没有少见的鸭子；岛边上，常有站着发呆的夜鹭；早春湖面刚刚化冻时，有时会有天鹅光临。

从福海西南角北上，一路上都有机会看到上文提过的3种啄木鸟。到了北岸一直向东，在灌木丛环境和林地中，迁徙季有可能看到乌鹟、北灰鹟、红喉姬鹟、褐柳莺、巨嘴柳莺、白眉鸫、黄喉鹀、小鹀等多种候鸟。乌鹟和北灰鹟的长相很是接近，小嘴的乌鹟胸腹部颜色较重，大嘴的北灰鹟胸腹部较为干净。红喉姬鹟总是喜欢在灌木丛和低矮的小树枝上活动，褐柳莺和巨嘴柳莺总是害羞地藏在灌木丛里，难觅其踪。白眉鸫相对体形较大，名副其实一对白色的眉毛很是显眼。黄喉鹀和小鹀等鹀类，有时在林中藏着，有时在地上啄食草籽。

圆明园东门附近有个叫狮子林的景点，这里常是观鸟的最后一站，附近有个面积较大的荷塘，迁徙季节，绿翅鸭、白眉鸭等一些小型的鸭子在这里偶尔可以看到，只不过这些小型鸭子比较怕人，通常会和我们保持一定距离。近水的小树上，有时可以看到蓝喉歌鸲和红喉歌鸲，这两种鸟在以往常被捕捉成为宠物。但是困在笼中唱出的歌声，如何比得上在大自然中自由歌唱来得畅快。到了4月中下旬，东方大苇莺和大杜鹃这对老冤家，又上演着一年一度的大戏，详情请见《夏季篇·奥林匹克森林公园》。

喜在灌木丛下活动的红喉歌鸲 雄鸟（沈岩／摄）

圆明园景区面积很大，如果还有时间，去九洲景区转转。有时那边也常有不错的收获。也许之前去圆明园多是参观古迹，可圆明园中还藏着众多的野生鸟类，像普通翠鸟这种羽色艳丽的小鸟就生活在我们身边。如果你有心观察，不妨多加留意，处处都有生机。

总结：

1.圆明园全年都可以观鸟，以春秋季节为最优。

2.圆明园水鸟和林鸟都有不少，春秋季节半日常常可见30种以上。

3.圆明园公园面积较大，选择一条合适的路线很重要。

国家植物园北园

　　国家植物园北园即原先的北京植物园，位于北京西北郊，西山脚下，属于低山环境。植物园的植被种类丰富多样，植被覆盖率较高，虽然园中较大面积的平缓地带以种植观赏植物为主，但注重了乔木、灌木的立体配

置，园区内也保持了很多自然植被，树木的果实为鸟类提供了丰富的食物，因此园区内林鸟种类非常丰富。而园区内水域面积相对较小，这就造成其水鸟的种类和数量相对较少。

带宝宝的绿头鸭 雌鸟（朱雷／摄）

由于国家植物园北园有着良好的植被组成，在春秋迁徙时期，吸引了众多迁徙林鸟。我曾在2011年5月20日的上午，在此处观鸟时记录到51种鸟类，是我单次在北京城市公园观鸟中记录鸟种种类最多的一次。在国家植物园北园观鸟，一年中的任何时间都是不错的选择，其中以春秋迁徙时期为优，而每年的4月下旬至5月中下旬无疑是最佳时期。

根据以往的观鸟经验，推荐一条观鸟路线。从公交车或有轨电车西郊线的国家植物园站下车，进入公园，向北前进，路过小湖，在这里可以观看小䴙䴘、绿头鸭等水鸟。小䴙䴘虽说是北京常见鸟，但当你融入自然，静下

蓝歌鸲 雄鸟（沈岩／摄）

心来看着毛茸茸的小鸊鷉从出生到长大，看着成鸟从求偶到筑巢，再到孵化、喂食幼鸟，实在是一件很有趣的事情。捕鱼高手普通翠鸟也常常在此地出没，它们经常喜欢停在岸边或是待在竹竿上一动不动。观察它们需要仔细寻找，如果听到它们那尖锐的叫声，顺着声音则很容易发现它们。

接着来到曹雪芹故居，迁徙时期，普通朱雀、锡嘴雀都曾现身于此。普通朱雀的雄鸟一身朱红色非常醒目，雌鸟则非常低调，一身灰褐色的装扮，胸腹部具纵纹。普通朱雀名字里虽然带有"普通"两字，在北京可是不多见到。

沿着小路继续走，就来到了王锡彤墓，这里的植被以针叶林为主，大山雀（远东山雀）、沼泽山雀、大斑啄木鸟、星头啄木鸟等都不难看到。颜色较为暗淡的灰山椒鸟在北京可是稀客，但在此地几乎每年都有记录。总被误认为红脸麻雀的小鹀有时候可以看到上百只的迁徙群体，它们有时候集群在此地周边的草地上，啄食草籽。迁徙季，这里常有惊喜。

走出王锡彤墓向东北方向前进就是著名的梁启超墓，这里也是不容错过的观鸟地点，在梁启超墓地围墙里，明艳夺目的黑枕黄鹂，喜欢在灰喜鹊巢中寄生的四声杜鹃，还有俗称"鸭蛋黄"的白眉姬鹟以及羽色暗淡的乌鹟、北灰鹟都时常可以看到。墓东侧的竹林和灌木丛地带也是个不错的观鸟点，仔细寻找的话，说不定蓝歌鸲、红喉歌鸲都会看到。

从梁启超墓西侧向卧佛寺方向前行，一路上都有机会看到黑头䴓。别看它们体长仅有12厘米，但却是国家植物园北园鸟圈中的大明星了，很多外地的观鸟爱好者来到北京，特意前往植物园，就是为了一睹它们的风采。黑色的头顶配上显著的白色眉纹，是黑头䴓的主要识别点。黑头䴓可以和啄木鸟一样在树干上攀爬，但它们可以头部朝下，螺旋状地自上而下环绕树干爬行，民间很形象地称其为"贴树皮"。它们非常喜欢栖息在松林中，昆虫、植物种子都在它们的食谱中。为了应付北方寒冷的冬季，黑头䴓常常会把松子储藏在树皮中，当然它们记不住多少储藏地点，取食时没准儿找到的是其他黑头䴓储藏的也说不定。黑头䴓属留鸟，有较为稳定的种群，全年可见。

　　卧佛寺周边，每年都有红角鸮（东方角鸮）到此繁殖。它们是典型的夜行侠，晚上捕捉昆虫，白天就藏在树叶中休息，由于全身羽毛与树干相似度非常高，想找到它们可是一件不容易的事。如果有幸看到，可一定要记得轻声慢步，不要打扰到这些可爱的小家伙休息。植物园深处，还有中大型的鸮类灰林鸮出没。用"憨态可掬"来形容灰林鸮决不为过，想要见上一面却是不易。很多人觉得猫头鹰可爱，但它们是国家二级保护动物，绝不可以私自饲养。如果有幸看到，切莫过多干扰。

中大型暗夜杀手：灰林鸮（关翔宇／摄）

穿过卧佛寺，最后一站不妨去樱桃沟转一转。在樱桃沟沟口我曾见过光彩照人的栗鹀，它们在北京也不多见。栗鹀上部为鲜艳的栗红色，下部为艳黄色，大红和大黄的搭配，艳丽而不艳俗。此外，美丽的红嘴蓝鹊常年在此处活动，浓艳的红喙，亮丽的蓝色羽衣，加上那长长的尾巴，看它们在山上树林中飞来飞去的样子，真是宛若仙子。到了冬季，樱桃沟也是北京的特色鸟点之一，燕雀、斑鸫、红尾斑鸫、赤颈鸫数量都不少，沿着栈道走，喜爱在多石地区活动的鹪鹩有时就会出现在你的脚边。

好动的鹪鹩（关翔宇／摄）

从樱桃沟返回，到卧佛寺后可沿着大路一直向南。如果之前没有遇到黑头鹀，回程路上两边都是松树林，这里也是黑头鹀经常活动的地区。

一条经典的植物园观鸟路线就推荐完了。观鸟最大的乐趣就是永远不知道下一个出现的会是谁，不要完全地按图索骥，路上就会处处都有惊喜。国家植物园处于西山猛禽迁徙通道上，春秋季迁徙时过境猛禽也较为易见，大家在观鸟时，一定要时常望一望天空，也许会看到不少猛禽。我曾在9月上旬的鸟类调查中，7:30—11:00之间记录了猛禽7种共94只。国家植物园地区小型鸟类较多，我们在这里多次看到雀鹰捕捉小鸟，忽地冲刺、突然闪转，看得人也跟着心潮澎湃。

总结：

1. 国家植物园北园除夏季外都适宜观鸟，

   最佳时间为4月下旬至5月中下旬，以迁徙林鸟为主。

2. 国家植物园北园在春秋迁徙季节，一上午可见鸟类约30种。

3. 国家植物园北园游人较多，观鸟要尽量早，

   赶在大批游人到达前进园。

百望山森林公园

　　说到猛禽，大家心中都会想到威猛、洒脱等形容词。鹰击长空、鱼翔浅底，不论是国内外的文学作品，还是影视作品，我们都见过或是听过"鹰"这类鸟。它们或是沉稳霸气，或是飘逸灵动，它们畅游蓝天，搏击长空，天空是它们的舞台，猛禽是当之无愧的空中霸主。

捕鼠小能手：红隼 雄鸟（关翔宇／摄）

北京处在候鸟迁徙的重要路线上，而百望山森林公园地处西山，是太行山余脉进入北京的最后一道山梁，这里是北京地区重要的猛禽观察点之一。每年的3月中下旬至5月下旬、9月上旬至11月上旬是北京地区观察猛禽迁徙的好时节。就在北京的西山地区，一年迁徙路过的猛禽多达10000余只，一日之内的最大数量记录就超过了2000只，当成百上千的猛禽从头顶迁徙路过之时，那是何等壮观的景象！

北京能见到的隼形目和鹰形目（即我们常说的鹰）猛禽约有40种，包括鹰、隼、雕、鹗、鸢、鹞等。

猛禽中，雕的个体较大，飞行能力强，飞行时抖翅频率较低，看上去很是稳重，那君临天下的气质显得霸气十足。北京地区约有8种雕，但它们数量较少，如能一睹真容，实属不易。乌雕

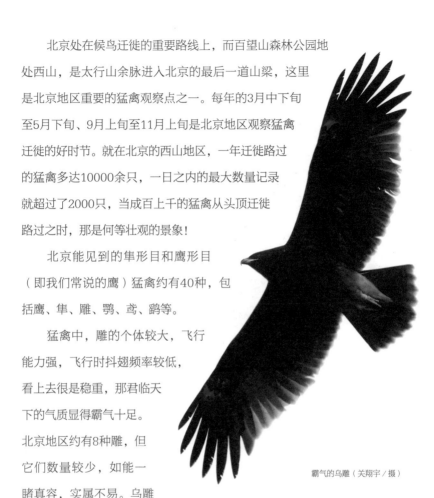

霸气的乌雕（关翔宇／摄）

是迁徙季节在西山地区相对最常见的雕，但也几天未必见得到它们的踪影。乌雕和其他雕最大的区别是尾羽短圆，腰部通常可以看到白斑。乌雕的成鸟通体多为黑色，未成年个体身上白斑较多。3月下旬和10月中下旬是观看它们的好时机。

小型鸟类的杀手：雀鹰
（关翔宇／摄）

鵟在北京可以看到3种，迁徙时期路过北京地区的绝大多数是普通鵟。这类猛禽体形较大，翅膀呈长方形，尾羽较短。这种旷野型的猛禽，主要以小型哺乳动物为食。每年的3月中下旬和10月中下旬是它们的迁徙高峰，数量最多的时候一天可以看到四五百只。

鹰这种丛林型的猛禽，最大的特点是两翼较圆，且尾羽较长，这有助于它们在森林中自由穿梭。其中雀鹰数量较多，它们的迁徙时期几乎贯穿整个猛禽迁徙周期。雀鹰广泛分布于北半球的温带地区，与苍鹰在亚欧大陆的分布范围相似，两者都以小型鸟类为主要食物。雀鹰属于中小型猛禽，个体大小不及苍鹰，常以小型鸟类为主要食物。苍鹰体形壮硕，主要捕食体形较大的鸟类。两者的繁殖期生态位类似，有时形成竞争关系，因此同处一片林区的苍鹰有时会捕杀雀鹰。雀鹰的翅、尾与身体比例相对较长，这有助于它们在林间急转急停，其飞行极其迅捷、灵动，可以说它们是北方地区小型鸟类的头号杀手。

雀鹰成年个体雌雄差异较大，雄鸟个体较小，头部为灰色，脸颊红色，虹膜橙红色；上体为灰蓝色；胸腹部具红色横纹。雌鸟个体较大，头部为棕褐色具显著白色眉纹，虹膜黄色；上体为褐色；胸腹部具褐色横纹。幼鸟整体黄褐色，腹部具点状斑纹，通常第二年换为成羽。雀鹰在迁徙时通常单独飞行，偶尔可见集小群迁徙的行为。雀鹰飞行不及苍鹰稳重，但与日本松雀鹰比，振翅频率明显偏少。

鹰属鸟类是世界鹰形目猛禽中数量最多的属之一，其成员通常体形较小，但苍鹰是其中最大的一种，尤其是其雌鸟的体长已接近不少大型猛禽。苍鹰自古就是世界上的著名猛禽。它们是中外文化中勇敢、顽强

凶猛的苍鹰 幼鸟（关翔宇／摄）

的象征，也是驯鹰人眼中的极品猎鹰——既能在林中追逐小鸟，也可在草原上扑杀野兔，尤其是第一年的幼鸟，初生牛犊不怕虎的精神，让它们无所畏惧。苍鹰广布于北半球的温带地区，它们比较适应寒冷的气候，多数苍鹰在秋冬南迁距离不远，因此热带地区的苍鹰记录并不多见。苍鹰体大而粗壮，雌雄差异小，野外不易区分。成鸟上体苍灰色，脸颊苍灰色明显似具深色头盔，白色眉纹显著，腹部及翅下甚白，密布灰褐色浅淡横纹。幼鸟整体羽毛黄色，腹部黄褐色纵纹明显。3月下旬和10月中下旬是它们的迁徙高峰。

隼在北京地区约有7种。它们双翅长而尖，尾羽亦较长，适合快速俯冲。红隼是其中的典型代表，它们在北京四季可见，常以鼠类等小型哺乳动物为食，但在西山地区很难看到数量众多的红隼。游隼是鸟类世界中冲刺速度最快的鸟之一，瞬时速度可达到300千米／小时。在百望山，我曾不止

喜爱吃蜂的凤头蜂鹰（关翔宇／摄）

一次见过游隼在空中追击家鸽、达乌里寒鸦等鸟，实在是惊心动魄。红脚隼（阿穆尔隼）雌雄差异很大，雄鸟羽色较为鲜艳，上体多为深灰色，翼下前方为亮灰色，尾下覆羽为橙红色；雌鸟腹部白色带心状斑纹。民间称其为"蚂蚱鹰"，主要是因为它们以昆虫为食。

5月上旬和9月上旬其实是春秋两季观看猛禽迁徙的重要时间点，我曾经在山上看到过单日超过1000只猛禽迁徙过境的场景，这其中的绝对主力军就是凤头蜂鹰。这种猛禽体形较大，翼展较宽，看上去似乎很是威猛，但宽大的体形，却搭配了一个细小的脑袋，尤其是当它们停落在树上时，看上去像一只大鸽子。凤头蜂鹰的食物也绝对有特点，别看它们个子大，却主要以蜂类为食，还真是对得起"蜂鹰"这个名字。

猛禽羽色变化复杂，相似种差异小，有时观看距离较远，这些都让猛禽识别成为鸟类识别中较难的一部分。如果你对猛禽识别有兴趣，可一定要多下功夫查询资料，多到野外进行实践。

总结：

1.百望山是春秋季节观猛禽的绝佳去处。

2.地图搜索：百望山黑山头。

3.猛禽识别较难，需提前预习。

夏季篇

夏季对于鸟类来说，是一年中最重要的季节，繁殖是夏季的主题。鸟类的繁殖，有很多非常有趣的现象。就在我们身边的城市公园中，每年夏季都会上演一幕幕大戏，其中以大杜鹃和东方大苇莺的爱恨情仇故事最为震撼。

对于北京地区而言，炎热的夏季，去山上观鸟是个不错的选择。鸟类种类相对较多，并且可以遇到像褐头鸫、绿背姬鹟、琉璃蓝鹟等华北地区的特色夏候鸟。山区空气清新、相对凉爽，避暑、观鸟两不误。

还有奥林匹克森林公园，那里发生着有关鸟类繁殖的故事。走入北京山区，在凉爽的山林中观鸟，也是个不错的选择。

绿背姬鹟 雌鸟（沈岩／摄）

奥林匹克森林公园

北京奥林匹克森林公园位于北京城区北部，城市中轴线的北端，占地680公顷。北京奥林匹克森林公园是为承办2008年北京奥运会而建，它借鉴了中国园林造景的思想，体现绿色文明和自然景观的造园特点，使园林充分体现了景观和物种的多样性。我们观鸟常去的奥林匹克森林公园南园，占地380公顷，是以体现娱乐功能为主的生态森林公园，以大型自然山水景观为主，山环水抱，尽量保留原有自然地貌、植被。

奥林匹克森林公园（以下简称奥森）鸟类种类相对丰富，但鸟种密度较低，季节性变化大，2009年至今于南园共记录鸟类超过300种。南园交通便利，地铁8号线可以到达公园门口。奥森四季皆可观鸟，选择夏季作为重点，是因为每年夏季，此地都会上演一幕自然界的大戏。

每年的春夏交替之时，有一种名为大杜鹃的鸟类会从遥远的非洲北上而来。说起大杜鹃这个名字可能会觉得陌生，而它们民间的俗称你肯定不会觉得生疏，那就是布谷鸟。这类鸟知名度很高，尤其是那声"布谷布谷"的叫声，早已深入人心。农耕时代，人们认为这"布谷布谷"的叫声是杜鹃在提醒农人要播种稻谷，可惜这都是人们主观赋予布谷鸟的"使命"。杜鹃不远千里飞来，只是为了繁衍而已。

尽管杜鹃颇受农人欢迎，可它们在自然界中却"声名狼藉"。这是因为杜鹃科鸟类有着独特的繁殖方式，它们从不筑巢养育后代，而是把卵产在其他鸟类的巢中托管，这种行为在生物学上被称为"巢寄生"。以最著名的巢寄生鸟类大杜鹃为例，目前有记载的大杜鹃宿主包括东方大苇莺、棕扇尾莺、三道眉草鹀等100多种鸟。

从不自己孵卵的大杜鹃（关翔宇／摄）

在北京地区，大杜鹃常会选择东方大苇莺作为自己的宿主，而东方大苇莺主要生活在芦苇丛中。奥森南园的潜流湿地保留了大片的芦苇，每年夏季，城区内少见的成片芦苇丛便会吸引众多的东方大苇莺和大杜鹃前来繁殖。

潜流湿地的清晨，回荡着东方大苇莺那典型的"呱呱叽—呱呱叽"的叫声。大杜鹃会被这叫声吸引来。大杜鹃的雄鸟常常会有意飞到东方大苇莺的巢区吸引其注意，当东方大苇莺驱赶雄鸟之时，大杜鹃的雌鸟便会偷偷潜入东方大苇莺巢中，挤掉宿主巢中的一枚卵，然后以极快的速度产下一枚自己的卵，使巢中卵的总数保持不变。整个过程通常不超过10秒，这神速下蛋的技能实在是让其他鸟类甘拜下风。

"呱呱叽"叫的东方大苇莺（关翔宇／摄）

到了5、6月，有时候可以看到绿头鸭雄鸟的蚀羽，这个阶段雄鸟不再拥有一身"靓装"，而是换上了和雌鸟相似的低调装扮，这主要是为了躲避天敌。这时的雄鸟整体和雌鸟极其相似，暴露它身份的只有喙部的颜色，雄鸟黄色，雌鸟棕褐色。

夏季经常可以看到小䴙䴘的幼鸟跟着亲鸟在水中游动，看到亲鸟捕鱼归来，它们会扯着脖子着急地叫着。在小䴙䴘宝宝较小的时候，人们会看到成鸟用背驮着幼鸟在水中游弋，若是此时有人经过，成鸟会警惕地张望并奋力向远处游去。

白天，水边的木桩上或是石头上，总能看到夜鹭在那里休憩。夜鹭较为矮壮，长着一双大眼睛。它们正是凭借这双大眼睛，可以在弱光条件下"工作"。晨昏和夜晚，是属于它们的觅食时间，常可以看到夜鹭在空中盘旋寻找合适的觅食场所。夜鹭的觅食时间有别于多数其他鹭科鸟类，从而减少了竞争。而鱼在夜晚的活动强度降低，接近水面时，夜鹭就可以轻松地捕食。

站桩的夜鹭（关翔宇／摄）

与同是鹭科的夜鹭相比，黄苇鳽身材要小巧很多。它们依靠一身黄褐色的羽毛与芦苇完美地混合在一起，静立在其中很难被天敌发现。每年夏季，都有不少黄苇鳽在奥森安家落户，养儿育女。

一个小小的城市公园却记录了300余种鸟类，如果我们不观鸟，怎么会相信那么多野生的鸟类就生活在我们身边。夏季来到，早晚遛弯儿时，不妨来奥林匹克森林公园体验下城市中的自然野趣。

总结：

1.奥森四季都可观鸟。

2.夏季有时间不妨去见证下东方大苇莺和大杜鹃的爱恨情仇。

绿背姬鹟（沈岩／摄）

百花山

百花山自然保护区位于北京市门头沟区西部，属太行山北麓，海拔600米以上，其中百花山主峰海拔1991米，最高峰白草畔海拔2049米。百花山系北京名山，开发历史较早，素以树木葱茏、植被茂盛而闻名。其山形陡峻，山势挺拔，层峦叠嶂，群峰笼罩在云雾之中，有"百花草甸""古树擎天""松树长廊"等景观。

百花山低海拔地区由于人类活动频繁，原始植被多已破坏。中海拔以蒙古栎（辽东栎）、白桦、山杨为主，有残存的天然华北落叶松古树和更新幼林，人工植物群落面积最大的是落叶松林，其次为油松林。在海拔1800米以上的草甸上生长着低矮的草本植物。景区入口处海拔约1200米，山顶则接近2000米，较大的海拔落差造就了植物的多样化，也让百花山成为了北京市山地森林鸟类的重要栖息地。

百花山距北京市中心约70千米，如果自己开车，走109国道即可；如果乘车可以在苹果园乘汽车直达百花山站，或先行至门头沟斋堂地区，再转乘长途汽车或小公共汽车至百花山山脚下。到达山下后，需购票换乘景区游览车，可一站到达山顶。山顶有宾馆，房间质量差异较大，可根据自己的需求提前预订。

百花山地区观鸟，春末至夏季都是不错的时间。至于路线，推荐两条：其一是山顶往下走不远，有条小路可达白草畔；其二是自山顶沿路往下走，观路两边的林鸟。两条路的鸟况差异不大，路线一较为幽闭，林鸟的密度略高；路线二主要沿着公路行进，体力要求较小，早晚可以沿着这条路，留意路旁的雉类。

说起百花山的雉类，先要说我国的特有鸟种：褐马鸡。这种濒危的鸟种目前仅见于山西、河北、北京等地区。褐马鸡这类鸟，是名副其实的"战斗鸡"，在求偶季节，雄鸟间常常互相争斗，时常斗得鲜血淋漓，难解难分，直到一方逃窜甚至死亡才告终。春季有时在白草畔附近可以听到它们的声音，但想要一睹真容，实为不易。

褐马鸡（关翔宇／摄）

如果选择路线二，沿途或许会遇到雉鸡和勺鸡。雉鸡在我国分布广泛。鸟圈有句话叫："一鸡顶百鸟。"可见雉科鸟类在观鸟人心中的地位。但似乎雉鸡总被大家默认地排除在外，我想是因为它们在雉科鸟类中分布广、数量多吧。不过这也反映了其适应能力强，在山林、农田、灌木丛、沼泽，甚至半荒漠地带，都能生存。正是其强大的适应能力，让雉鸡能够生生不息。在百花山地区，沿着公路，不难看到它们。

勺鸡，这种通常分布于中高海拔的雉科鸟类，想要在百花山一睹真容，不是一件容易事。从景区门口至山顶，公路边、密林下，都有机会看到它们，但概率都不高。春季去山上，很容易听到雄鸟那干咳一样的"嘎嘎嘎—嘎嘎"的叫声。

在百花山观鸟，最著名的就要数褐头鸫。别看它整体多为褐色和灰色，但这貌不惊人的家伙目前只在北京、河北、山西等地海拔1400米以上的山

百花山明星鸟种褐头鸫（沈岩／摄）

地（1800~2000米数量最多）才有繁殖记录。百花山地区的褐头鸫一般5月中下旬到达，8月离开。褐头鸫喜欢生活在大面积的华北落叶松林环境。研究发现，在20世纪80年代之前褐头鸫会选择六道木和山柳营巢，巢距地仅1~1.5米高；但近年来，褐头鸫的巢址多位于高大的华北落叶松的近顶端，巢址的平均高度升高至5米以上。其巢位高度明显发生了改变，原因可能是褐头鸫的繁殖地区多已开发成旅游景点，巢区人为干扰较大。还有多数华北落叶松林自种植以来，已有20年以上林龄，其冠层的郁闭度较高，有利于巢的隐蔽。看来，鸫科鸟类对环境的变化多数都有很强的适应力。

除了褐头鸫，琉璃蓝鸲、绿背姬鹟这两种鸟也是仅在北京地区附近的山区林地中有繁殖记录。美丽的中华朱雀，小巧的云南柳莺、淡眉柳莺、冠纹柳莺也常常在夏季鸣唱，循着它们的声音不难找到。

位于路线一终点的白草畔属于亚高山草甸，在夏季野生植物繁茂。这里除了赏鸟，还可以赏花。草畔附近，众多美艳的小花连在一起，宛如花海。周边的灌木丛中，远东树莺和牛头伯劳时常可以见到。利用一个周末，逛逛百花山，避暑、观鸟、赏花都是个不错的选择。

总结：

1. 百花山地区观鸟，夏季较为合适。

2. 此地有蝮蛇分布，在白草畔附近观鸟时切记沿栈道行走，不可贸然踏入草丛。

3. 此地早晚温差较大，注意增减衣服。

冬季篇

吃果实的斑鸫（朱雷／摄）

北京的冬季是一年中最寒冷的时候，很多人在寒冬中不愿出门。可有那么一群人，即使是隆冬时节，也从不停下追寻鸟的脚步。

对于北京地区而言，冬季是入门观鸟的好时候。在不冻水域，我们可以近距离地看到羽色艳丽的绿头鸭、鸳鸯等水鸟的繁殖羽。枝叶萧条后，树上的山雀、斑鸫、燕雀可以无遮挡地欣赏。如果你想拍些照片，可以守着金银忍冬等灌木，会有白头鹎、太平鸟来取食——红红的小果子配上忙着吃吃吃的小鸟，"吃货"本色尽显。

在北京越冬的候鸟数量可是不少，京郊的水库旁，只要是不冻的水面，总是有雁鸭类的水鸟出没。城市公园中，有时可以看到百只以上的燕雀集群。冬季篇，我们重点选择了京郊的山区和峡谷来介绍北京冬季的观鸟去处，因为那里有着不一样的美，有着北京其他地区少见的鸟类。

让我们追随冬候鸟的脚步，走入京郊的山区。

十渡

　　十渡风景区位于北京市房山区西南部，是我国北方唯一一处大规模的喀斯特（岩溶）地貌。十渡风景区水体的重要组成部分是拒马河，它发源于太行山深处。虽然源头水量很小，但是拒马河两岸沿途各处沟谷都有泉水流入拒马河，因而在此处汇集而成一条大河。拒马河冬季有多处水域不完全封冻，因此吸引了不少鸟类在此越冬。

　　要选出十渡的明星鸟，第一个非黑鹳莫属。房山区被称为"中国黑鹳之乡"。这种数量稀少的大型涉禽在冬季的十渡地区不难看到：红嘴、红脚，羽毛闪耀着金属光泽。少则几只，多则二十几只，山崖上、河滩中，都有它们的身影。可以说十渡是北京欣赏黑鹳的最佳地点。

黑鹳（关翔宇／摄）

十渡风景区的一渡、二渡算是个观鸟热身场所，在此处鸟的种类和数量通常不会太多。在不结冻的水面，绿头鸭很是常见，常常可以看到它们撅起尾巴，把头扎到水里觅食。远处的岩壁上，会有岩鸽落脚。这是一种长相很像家鸽的鸠鸽科鸟类。岩鸽整体多灰色，翅上有两道醒目的黑色斑纹，它们总是喜欢落在岩壁的凹处，灰暗的颜色很好地和石壁融为一体，完美的保护色使它们很难被发现。岩鸽腰部和尾部各有一道宽大的白斑，飞行时很是明显。岩鸽常成群活动，在十渡地区经常可以看到少则十几只，多则数十只，要么在空中飞过，要么集群在田地中觅食谷物。

　　三渡到五渡的水面总是比较平静，水中多石的地方总能看到红尾水鸲的身影，雄鸟那蓝灰色的身子、红红的尾巴非常明显。这种鸟多生活在南方的河流附近，在北京的数量比较少，水质较好的拒马河吸引它们来此安家。在这里，就算是寒冷的冬季，也常常可以看到红尾水鸲在石砾上相互追逐。如果你眼神足够好，还会发现两位隐身大师——长嘴剑鸻和白腰草鹬。它们喜欢生活在水流平缓处的多石地区，寻找水中的小虾、田螺、昆虫等。

球状鸟红尾水鸲（关翔宇／摄）

喜爱在岩石上攀爬的红翅旋壁雀（关翔宇／摄）

    六渡附近的石壁上，还生活着另一种明星鸟，它们就是喜欢攀爬在岩壁上、好似花蝴蝶一般的红翅旋壁雀。短短的尾巴、长长的喙、灰色的身子，最吸引人的地方就是它们的翅膀，两翼主体为黑色，具有醒目的绯红色翼纹，其上点缀着少许白色斑点。它们有着自己的绝技，利用强有力的双脚，可以轻松地在岩崖峭壁上攀爬。上下爬动时，两翼时常张开，显露那绯红色的翼斑。说它们点缀了北京萧瑟的寒冬一点儿也不过分。若冬季去十渡风景区，在六渡总能遇到很多拿着望远镜或扛着相机的观鸟爱好者，等待着"蝴蝶鸟"。

六渡附近有的树林中经常可以看到大山雀、银喉长尾山雀。还有那拖着长长尾巴的红嘴蓝鹊，经常被人唤为"山喜鹊"，但它们蓝色的羽毛可比喜鹊要艳丽多了。水边的石头上，常常可以听到鹪鹩的叫声，它们总像小耗子一样，在地面上或是灌木丛中蹿来蹿去。远方的石壁上，有时候可以看到苍鹭在安静地站着。

大型"清道夫"：秃鹫
（关翔宇／摄）

　　随着时间临近中午，高耸的山巅常能看到金雕和秃鹫这些大型猛禽的身影。金雕是真正的空中霸主，翼展可达2米。宽阔的翅膀配上壮硕的大嘴、枕部金色的羽毛，自带王者气质。它们虽然不是鹰形目猛禽中体形最大的，却是最为凶猛的。野生的金雕曾有猎杀岩羊的记录——它们在空中发现岩羊后，会自下而上地围绕岩羊所在的高山盘旋，来将猎物赶向山巅，当把猎物赶到崖壁边上时，金雕找准时机俯冲向岩羊，将目标推下悬崖摔死。接下来金雕飞至死羊边，用铁钩般的利爪撕开岩羊的皮毛，开始享用大餐。

　　秃鹫这种食腐的大型猛禽翼展更是宽大，可以接近3米，与宽大翅膀相对应的是其短短的尾羽，这注定了它们没有快速出击的能力。秃鹫很少去主动觅食，而是寻找动物尸体，盘旋在山巅的它们总是默默地寻找着它们眼中的"美食"。

六渡过后直到十二渡，大鵟、红隼等猛禽时常在这个区域出没。山边偶尔飞着红嘴山鸦——谁说天下乌鸦一般黑，看看人家红嘴山鸦，就长着红嘴红脚。红色热情张扬，黑色冷静低调，两者搭配起来，在任何时候都显得活泼而不失沉稳。红嘴山鸦不仅长得好看，叫声也很清脆，同我们常见的乌鸦那单调而聒噪的"哇—哇"声相比，真是悦耳动听。

十五渡东湖港通常是在十渡风景区观鸟的最后一站。沿着路下到河滩，灰眉岩鹀、三道眉草鹀在灌木丛中非常容易看到，经常有人说它们是"灰脸麻雀"和"棕脸麻雀"，真替它们心疼。我们来这里的目标鸟是白尾海雕，一种体形和金雕相似，长着白尾巴的大型猛禽。成年的白尾海雕很是帅气，黄色的喙，气质上不输金雕。白尾海雕主要以鱼和鸭子等为食，在北京的十渡地区，曝光率不是很高，如果能一睹尊荣，那实属运气不错。

冬季的十渡风景区，温度相对比较舒适，加之良好的水质、险峻的高山，很适合周末"偷得浮生半日闲"。寄情山水间，崇山峻岭中赏鸟，怎一个自在了得。

总结：

1.寒冷的冬季是十渡地区观鸟的最佳时间。

2.黑鹳、红翅旋壁雀是此地的明星鸟种。

门头沟地区沿河城、东灵山

沿河城，因靠近永定河故名。沿河以山为城，以河为池，是京师咽喉之地，其隶属明代长城内三关之一的紫荆关，是塞外通往北京的要冲。尤其是京冀交界处附近，峡谷奇峰壁立，山体植被稀疏，水流时缓时急，河边野草、灌木丛生。

从北京城区出发，沿着109国道，途经雁翅镇，再往前不远，未到斋堂镇时，右转上斋幽路，沿途经过几个村庄，就到达了沿河城地区。在沿河城观鸟，虽然这里的车辆较少，但两旁路边可停车的地方不多，千万不要为了看鸟而随意停车。

在这里观鸟，最主要的目标鸟种是一种胖乎乎的雉科鸟类，名为石鸡。石鸡的雄鸟尤其喜好在清晨和黄昏时，站在光裸的岩石处"引吭高歌"。因其"嘎嘎嘎"的叫声，民间俗称其为"嘎嘎鸡"。石鸡整体灰褐色，贯眼纹围绕头侧延伸至前胸为一圈黑色环带，两胁偏白具黑色、栗色条形斑纹。石鸡喜好栖息于低山丘陵地带的岩石坡和沙石坡上，一身素雅的打扮和周边的环境相得益彰。如果你没有听到它们的叫声，想要隔着河流在对面的山壁上发现这些家伙可不是件容易的事。

沿河城

胖乎乎的石鸡（关翔宇／摄）

有时可以听到石鸡在对面山上发出急促而连续的"嘎嘎嘎"声——那是警报，向天空望去，也许可以看到空中霸主——金雕的身影。巡视着领地的金雕，俯瞰着沿河城这片山壁，石鸡可是它们的美食之一。

　　岩壁附近，常可以看到大群的红嘴山鸦和岩鸽在山间活动。红嘴山鸦喜欢借助热气流在山间嬉戏；岩鸽常常集群从空中飞过，如果你不熟悉它们，有可能认为是家鸽。

长相貌似家鸽的岩鸽（关翔宇／摄）

草丛和灌木丛附近，棕眉山岩鹨、山鹛、灰眉岩鹀、三道眉草鹀常在其间穿梭。附近村落旁废弃的房顶上，或是路边的交通牌上，有时候可以看到一种小型鸮：纵纹腹小鸮。这些小家伙整体黄褐色，圆头圆脑，白色的眉纹，亮黄色的大眼睛，让它们看上去格外精神。纵纹腹小鸮喜爱在晨昏觅食，但白天和黑夜都可以活动，堪称24小时全能选手。它们主要以昆虫和鼠类为食，偶尔也吃小型鸟类。

东灵山

东灵山位于北京市门头沟区，隶属太行山脉，主峰海拔2303米，为北京市第一高峰，也是华北地区较高的山峰。地貌为以构造侵蚀为成因的高山地貌，山峰峻峭，谷深坡陡，山势雄伟，怪石嶙峋，有天然森林和亚高山草甸。因海拔较高，年平均气温仅6.5℃，冬季白天最高气温时常不超过–5℃，有时甚至降到–10℃以下。

到东灵山观鸟，导航直接输入"东灵山"即可。驱车沿109国道，过雁翅镇、斋堂镇，过双塘涧桥后见东灵山景区标识右转，经二帝山森林公园后，沿盘山路继续行程至景区停车场，有开阔区域可停车，有路可直达垭口。

下车后，沿着小路走到一片开阔地，附近有众多沙棘灌木丛，在这里看到红腹红尾鸲的概率较大。这种外形与北红尾鸲相似的鸟，是红尾鸲家族中的"巨人"，体长约有18厘米，比其他红尾鸲要明显大上一圈，雄鸟翅上的白色斑块的面积也比北红尾鸲雄鸟要大上不少。红腹红尾鸲主要分布在我国四川、甘肃等地的高海拔地区，在北京地区，唯有东灵山是其相对稳定的记录地点。

冰雪中的红腹红尾鸲（关翔宇／摄）

2014年2月，英国著名观鸟人Terry Townshend先生在这里观察记录到1只雄性的贺兰山红尾鸲。这是我国的特有鸟类，一般只在青海、宁夏、甘肃等地有记录，在北京地区之前仅仅记录过2次。2014年年底我们又在东灵山地区一次性记录到3只贺兰山红尾鸲。这些小家伙，有可能是东灵山地区的罕见冬季候鸟。它们和其他红尾鸲不同，习性较为羞怯，总喜欢在灌木丛里边蹿来蹿去，这也是难以寻觅到它们的原因之一吧。

东灵山是个神奇的地区。2010年3月6日，有观鸟爱好者在此地拍到一种名为粉红腹岭雀的鸟，多达200只。那是粉红腹岭雀时隔近30年再次现身北京，也正是因为这种体色较深、两翼玫红色的小鸟，让东灵山走进了北京观鸟人的视野。自2012年至2015年的冬季，每年在山顶垭口附近，我们都记录到粉红腹岭雀这种少见的北京山区冬候鸟，2014年我们曾在此地记录到数千只大群的粉红腹岭雀。但在近些年的冬季，东灵山地区记录的粉红腹岭雀数量较少。

此地四季观鸟皆可，此处重点介绍冬季去东灵山观鸟，主要是因为此地呈现出部分东北林地鸟种特色。

北京罕见的贺兰山红尾鸲（关翔宇／摄）

1.由于此处的环境特征，本地区具有部分北京其他地区罕见的特色鸟种，例如红腹红尾鸲、贺兰山红尾鸲、粉红腹岭雀、北朱雀、长尾雀等。

2.相对于鸟种的特殊性，此处的鸟类分布特点是：鸟种种类少、数量少、密度低。东灵山地区的观鸟难度较高，要熟知特色鸟种的生境才能在茫茫大山中增加遇见它们的概率。

3.对于此处冬季的天气，去过至少20次的我，用一个字概括：冷！此处观鸟一般在海拔1600米左右的地区活动。冬季白天最高气温在−5℃不是偶然现象，−10℃也绝不是夸张。加上冬季部分地面常常被积雪、冰面覆盖。每逢这种地面，活动时要小心再小心。

北京冬季虽然寒冷，但观鸟人从不缺乏热情。近到城市公园，远至高海拔山区，都是观鸟的好去处。正应了那句话，"生活中不是缺少美，而是缺少发现美的眼睛"。

总结：

1.冬季去门头沟山区观鸟，时常有惊喜。

2.东灵山地区寻找鸟的难度较高，适合有一定观鸟经验的人群。

3.山区开车注意行车、停车安全。

4.冬季山区温度很低，注意防寒保暖。

红隼 雄鸟（关翔宇／摄）

指南

北京常见的

100种鸟

雉科

雉鸡（环颈雉）

Common Pheasant
Phasianus colchicus

雉鸡 雄鸟（关翔宇／摄）

雉鸡又名环颈雉，也就是人们通常所说的"野鸡"，是我国的雉科鸟类中分布最广、最为常见的。雉鸡的亚种就多达30余种，各亚种羽色略有不同。雉鸡属于中大型陆禽，雌雄区别很大。雄性羽色华丽，头部主要为具有金属光泽的蓝绿色，头顶偏白，颊部呈红色，多数亚种颈部具明显的白色羽毛，尾羽较长，可达50余厘米。雌鸟外貌较为朴素，全身多为黄褐色，具深棕色杂斑，隐蔽性甚好，可以很好地隐身于杂草、灌木丛中不被发现。

雉鸡分布很广，亚洲和欧洲很多地区都有分布，在我国多数地区也都能看到它们。雉鸡适应能力很强，无论是草木茂盛的山地，还是生活区附近的农田耕地，抑或是沼泽湿地，都能看到它们的身影。在北京延庆、密云等郊区灌木繁盛的低山地带，早晚很容易遇到它们。春季求偶季节，有时雄性雉鸡会站在农田土埂上，扯着脖子发出单调而响亮的"嘎嘎"声。而更多的时候是当你在走路时，突然间，几只雉鸡"扑棱棱"地拍打翅膀从脚边的草丛向远处飞去，吓你一个趔趄也说不定。

鸭科

短嘴豆雁

Tundra Bean Goose
Anser serrirostris

短嘴豆雁（关翔宇／摄）

　　短嘴豆雁是一种体形较大的雁类，在我国比较常见。它们与鸿雁、灰雁等大型雁类一起，常被民间统称为"大雁"出现在古诗文中。短嘴豆雁整体多具灰褐色、棕褐色羽毛，最显著的特点是在黑色喙部的喙尖位置有一个黄色斑点，形如黄豆，这也是它们被称为短嘴豆雁的原因。雁与家鹅非常相似，实际上很多家鹅就是从野生的鸿雁或灰雁驯化而来的。

　　短嘴豆雁主要生活在亚洲和欧洲，在非洲、北美洲等地也有分布。在我国的大部分地区，短嘴豆雁是旅鸟和冬候鸟，每到迁徙季节，它们常会结成数十只的小群，呈"人"字形或"一"字形的雁阵进行长途飞行。湿地边的水草以及农田中的谷物等都是短嘴豆雁的主要食物，所以它们喜欢生活在开阔的草地、河流、湖泊、耕地等地带。因此，在早春和深秋的迁徙季节，在北京郊区的密云水库和官厅水库的湿地、农耕地中，有很多的机会可以看到它们。

大天鹅

Whooper Swan
Cygnus cygnus

大天鹅（关翔宇／摄）

　　大天鹅属大型游禽，羽毛洁白，脖颈纤细，不论是在水中游弋还是在空中飞翔，都被人们当作优雅高贵的典范，是最受人们喜爱也是最被人熟知的野生鸟类之一。大天鹅体形很大，体长（从喙到尾）能达1.5米，展开双翅，翼展约有2米。在可以飞行的鸟类中，大天鹅的体重也是相当大的，可以超过10千克。

　　最被人们称道的是大天鹅的"婚配"方式，它们是少见的实行"一夫一妻制"的鸟类，一对成鸟结成夫妻后，可能共同生活一辈子。古人道："燕雀安知鸿鹄之志哉。"这里的"鸿鹄"就是指天鹅。当然，大天鹅也的确值得古人赞美，因为它们是世界上罕见的可以飞越珠峰的鸟类，迁徙时它们的飞行高度最高可达9000米，堪称奇迹。

　　大天鹅广泛分布于亚洲、欧洲、北美洲。我国的内蒙古、山东等地，还有一些所谓的"天鹅湖"，那是大天鹅的聚集地。大天鹅喜欢生活在较开阔的水域，主要以水中的植物为食。在春秋季节，京郊的延庆、怀柔、密云等水库、湖泊，乃至一些城市湿地公园里，都有机会看到迁徙路过的大天鹅。

小天鹅

Tundra Swan
Cygnus columbianus

　　小天鹅是一种大型游禽，外形与大天鹅相似，但是体形略小，脖子也显得要短粗一些。小天鹅与大天鹅最明显的区别在喙部，小天鹅的喙部黄色面积很小并且不过鼻孔，大天鹅的喙部黄色面积较大且过鼻孔。

　　小天鹅在亚洲、欧洲、北美洲等地都有分布。在我国东部的部分地区，可以见到它们。冬季，江西鄱阳湖是小天鹅的重要越冬地。在北京地区的早春和深秋时节，京郊的水库有机会看到百只的小天鹅集群，甚至在颐和园这种水面面积较大的城市公园，也有观察到数十只小天鹅的记录。在迁徙季节，小天鹅和大天鹅有时候会混群在一起活动，要区别它们可是有些难度，需要仔细观察。

赤麻鸭

Ruddy Shelduck
Tadorna ferruginea

赤麻鸭 雄鸟（关翔宇 / 摄）

　　赤麻鸭是雁鸭类中最容易辨认的鸟类，它们全身羽毛以棕黄色为主，头部、背部颜色偏白，尾尖、翅尖等部位有黑色的羽毛。赤麻鸭在鸭类中，绝对算得上"姚明"级别，它们体长近70厘米，比一些小型的雁还要大。赤麻鸭的雄鸟和雌鸟很像，不过雄鸟颈部有一圈黑色颈环，很像女孩子的项链。

　　赤麻鸭分布很广，亚洲、欧洲、非洲等地都有。我国大部分地区都能见到作为冬候鸟或旅鸟的它们。赤麻鸭是北京地区最常见的野鸭之一，春秋迁徙时期，在京郊水库、河流、农田，甚至城市公园的湖泊中，都有机会看到赤麻鸭。哪怕在隆冬时节的密云水库周边，也能看到那一身黄羽的它们，有时甚至多达上千只。赤麻鸭适应环境的能力很强，从低海拔到高海拔的草原、湖泊、河流、农田等环境都能生活；食物方面，水草、昆虫、贝类、小虾以及农田里的粮食，它们通通来者不拒。

鸳鸯

Mandarin Duck
Aix galericulata

鸳鸯 左雄右雌（关翔宇／摄）

　　鸳鸯是一种广为人知的游禽，但很多人不知道的是，鸳鸯也是一种鸭子。鸳鸯的雄鸟与雌鸟外形差异很大，雄鸟羽色鲜艳多彩，非常华美，而雌鸟全身以灰褐色为主。

　　鸳鸯在我国传统文化中，是最受人们喜爱的鸟类之一，它们常被当作爱情长久、婚姻幸福的象征。在繁殖期内，鸳鸯的雌鸟和雄鸟看似成双入对、形影不离，好似一对恩爱的夫妻。但研究发现，交配之后，雄鸟通常会离去寻找其他雌鸟继续交配，并不承担抚育后代的责任。这样看来，用"忠贞"形容鸳鸯是不恰当的。

　　鸳鸯在亚洲、欧洲等地都有分布。在我国东部地区不难见到。它们生活在淡水湖泊、河流中，以水中植物、昆虫、鱼虾等为食。在北京的怀沙河和圆明园、紫竹院等城市公园中，夏季都有鸳鸯繁殖。虽然是一种水鸟，但鸳鸯却喜欢在树洞中筑巢。小鸳鸯孵化出来后，要从树洞中跳下来，它们在空中会左右晃动翅膀尽力保持平衡。在冬季，多数鸳鸯会南下越冬，少数个体会选择在北京留守。

赤膀鸭

Gadwall
Mareca strepera

赤膀鸭 雄鸟（关翔宇／摄）

　　赤膀鸭是一种中型游禽，雌雄外观不同，但均以灰、黄、褐色羽毛为主。雄鸟繁殖羽整体灰色，胸部具不大明显的黑色斑纹，喙黑色。雌鸟整体黄褐色，与绿头鸭雌鸟很是相似。赤膀鸭素雅的外表，使它们与其他野鸭很难区分，尤其是其雌鸟，相对容易识别的特点是赤膀鸭的翼镜为亮白色。

　　赤膀鸭分布较广，亚洲、欧洲、美洲都是它们的分布区。在我国的多数地区也能见到它们的身影。在春秋迁徙季节，赤膀鸭可见于北京的野鸭湖、沙河等郊区湿地或颐和园、圆明园等城市公园，虽然整体数量并不算太多，但遇见率不低。赤膀鸭主要以水生植物为食，常成小群活动。它们喜欢栖息和活动在湖泊、水库、沼泽等内陆水域中，尤其喜欢在富有水生植物的开阔水域活动。

绿头鸭

Mallard
Anas platyrhynchos

绿头鸭 左雄右雌（关翔宇／摄）

绿头鸭是我国分布最广、数量最多、最被人们熟知的鸭科鸟类。绿头鸭体形较大，体长可达60厘米。顾名思义，绿头鸭头部羽毛呈绿色，不过只有雄性的繁殖羽才是这样，雌鸟整体为灰褐色。雄鸟头部的深绿色羽毛具金属光泽，在不同的光线下还会呈现蓝、紫等不同颜色。此外，雄性绿头鸭脖颈还有一圈白色的羽毛。

我国本土培育的家鸭，绝大多数就是从野生绿头鸭培育出来的。有些地方饲养的家鸭，羽毛外观与绿头鸭还很相似。制作北京烤鸭的北京填鸭也是绿头鸭的后代。

绿头鸭数量多、分布广，除了南极洲外，其他大洲都有分布，亚洲和欧洲是它们的主要分布区。在我国的大部分地区也都能见到它们的身影。它们喜欢在河流、湖泊等水域集群生活，在北京地区，绿头鸭非常常见，很多城市公园和郊区水域一年四季都可以看到它们的身影。

斑嘴鸭

Chinese Spot-billed Duck
Anas zonorhyncha

斑嘴鸭（关翔宇／摄）

斑嘴鸭是体形比较大的鸭科鸟类，体长超过50厘米，比普通家鸭略大。与其他常见野鸭不同，它们的雌雄差异并不是太大。斑嘴鸭全身羽毛以灰褐色为主，细看之下宛如鱼鳞，再配上羽缘的浅色花纹，也显得很是精美。整体低调的它们，翅下的翼镜带蓝绿色金属光泽，这是它们身上不多的"亮点"。"斑嘴鸭"的名字取自它们喙上的颜色差异，其喙的大部分为黑色，前端为黄色，而喙尖又为黑色。喙部的这个特点有些像豆雁。

斑嘴鸭主要分布于亚洲，也是我国比较常见的野鸭之一。有些斑嘴鸭在我国北方地区繁殖，越冬时则多迁徙到我国南部。在北京，斑嘴鸭多为迁徙时期的旅鸟，春秋季在延庆、密云等郊区的水库、湖泊环境很常见，夏季在汉石桥湿地公园可以看到不少斑嘴鸭繁殖。它们喜欢成群生活在淡水的江河、湖泊中，偶尔也会在海滨停留。斑嘴鸭善于游泳但不会潜水，主要以水草为食，也会捕食田螺、鱼虾等。

绿翅鸭

Eurasian Teal
Anas crecca

绿翅鸭 雄鸟（关翔宇／摄）

　　绿翅鸭是一种小型鸭科鸟类，比家鸭小，体长不到40厘米。绿翅鸭得名于它们的翼镜为鲜艳的、带有金属光泽的绿色羽毛，而翅膀大部分以及身体其他部位的羽毛以褐色、栗色为主。雄鸟羽色更为漂亮一些，它们的头部有光滑的栗色羽毛，眼睛附近有一道明亮的绿色斑块一直延伸至脖颈，好像画着夸张的绿色眼影，异常显眼。雌鸟的羽毛则暗淡很多，为一身带着黑色斑点的褐色羽毛。

　　绿翅鸭分布很广，除南极洲和南美洲外各大洲都有记录，在我国大部分省份也都发现过绿翅鸭的身影。绿翅鸭生活在河流、湖泊等水域，冬季主要吃植物芽叶，其他季节除了植物也吃田螺、昆虫等小动物。它们一般生活在水比较浅的地方，有时甚至到农田里找谷粒吃。在北京，绿翅鸭多为旅鸟，在延庆、密云、怀柔等水库环境以及颐和园、圆明园等城市公园的水塘中都可以找到这种体形小巧且很是怕人的野鸭。

凤头潜鸭

Tufted Duck
Aythya fuligula

凤头潜鸭 雄鸟（关翔宇／摄）

　　凤头潜鸭为中型鸭科鸟类，它们能长到近50厘米。它们的长相比较可爱，圆胖胖的头部，配上短短的脖子，体形显得有点臃肿。雄鸟的头部和颈部为带有金属光泽的紫黑色，在阳光下非常漂亮，脖颈到前胸为灰黑色，身体多为白色，略带灰色花纹。雌鸟全身多棕褐色。

　　凤头潜鸭在亚洲和欧洲分布较多，北美洲、非洲也有出现。在我国，它们分布面积比较广，在西北和东北地区都有繁殖。在北京，它们多为迁徙路过的旅鸟，春秋季节在延庆的野鸭湖不难见到，偶尔会有少数个体出现在颐和园、圆明园等水域面积较大的城市公园中。凤头潜鸭不仅善于游泳，还可以潜水，能生活在比较深的湖泊、水库环境。凤头潜鸭食性很杂，水草、鱼虾、贝类都是它们的食物。

鹊鸭

Common Goldeneye
Bucephala clangula

鹊鸭 左雄右雌（朱雷／摄）

　　鹊鸭是一种体形中等的鸭科鸟类。它们长相颇富喜感，头大且形状特殊，看起来头顶高高鼓起，但后脑勺却比较瘪。雄鸟的头上长满带金属光泽的绿色羽毛，这种羽毛在阳光下非常艳丽，但它们的脸颊上却有一块醒目的白斑，再加上亮黄色的眼睛，就像戏曲中的丑角一样有趣。雌鸟与雄鸟体形相似，但羽毛颜色偏灰暗，头部为棕色，不具白斑。

　　鹊鸭分布范围很广，遍布于亚洲、欧洲、北美洲等地，在我国也广泛分布。在北京地区，它们多为迁徙路过，春秋季节在野鸭湖、密云水库等地不难见到。鹊鸭在北京亦有越冬的群体，十三陵水库和沙河水库很容易看到成群的鹊鸭。它们喜欢生活在河流、湖泊环境，时而在水上嬉戏，时而下潜觅食小鱼、昆虫、贝类等。

普通秋沙鸭

Common Merganser
Mergus merganser

普通秋沙鸭 雄鸟（朱雷／摄）

　　普通秋沙鸭是我国几种秋沙鸭中体形最大的一种，可以长到近70厘米，比多数家鸭大。名中带"普通"两字，是因为它们数量比较多、分布较广。普通秋沙鸭的雄鸟和雌鸟差异较大。雄鸟是绿头、绿背、红嘴，加上雪白的胸腹部及飘扬的羽冠，真是英姿飒爽。雌鸟头为棕褐色，背灰色，红色的喙非常显眼，头上有小小的羽冠，胸腹较白。

　　普通秋沙鸭主要分布在北半球。它们经常组成大群，长途迁徙，寻找适宜居住的河流、湖泊等水域。在我国西北和东北地区，有普通秋沙鸭的繁殖地，其他地区则多为过境旅鸟和冬候鸟。每年春秋冬三季，可以在北京的密云、延庆、怀柔等水库、湖泊中看到它们，有时候在颐和园、北海公园等城市公园也可以看到。因为体形大，体羽白色较多，所以很容易被发现和辨认。

䴙䴘科

小䴙䴘

Little Grebe
Tachybaptus ruficollis

小䴙䴘 繁殖羽（沈岩／摄）

　　小䴙䴘（pì tī），因为名字难写，很多观鸟人在野外做记录时，也会暂时把它们简写成"小PT"。它们总被误认为是一种体形较小的鸭子，其实从外形看䴙䴘和鸭子的差异还是很大的，䴙䴘喙较尖，这和大多数鸭子的扁喙明显不同。在繁殖期，小䴙䴘会换上红灰两色繁殖羽，冬季时它们一身黄褐色羽毛，很不引人注目。

　　小䴙䴘脚上有蹼，善于游泳和潜水，以水中的小鱼小虾为食，经常集小群生活。它们生性比较机警，如果遇到危险，会立刻钻入水中，潜行一段，再从其他地方钻出水面。因为不断在水中沉浮，因此有"水葫芦"的外号，又因外貌与鳖有些相似，又有"王八鸭子"的俗名。遇到危险时，除了在水下捉迷藏，小䴙䴘还练就了一身水上漂的功夫，它们可以双脚轮流快速在水面上踩踏，再配上那一串高昂的叫声，堪称精彩。

小䴙䴘 非繁殖羽（关翔宇／摄）

　　小䴙䴘分布范围特别广，亚洲、欧洲、非洲、大洋洲都有它们的踪迹。在我国，大部分地区都有分布。在北京的奥林匹克森林公园、圆明园等地的小型水塘就可以看到它们，在一些冬季不结冰的湖泊、河流流域，一年四季都能看到它们的身影。小䴙䴘偏爱生活在水流平缓的河流、湖泊以及沼泽中，而长有芦苇等挺水植物的小池塘更是它们的最爱。小䴙䴘喜欢潜入水中捕食小型鱼类。它们的巢也是漂流在水面上的浮巢，夏季有机会看到。

凤头䴙䴘
Great Crested Grebe
Podiceps cristatus

凤头䴙䴘（何楠／摄）

　　凤头䴙䴘是在我国有分布的5种䴙䴘中体形最大的，体长可达50厘米。雌雄外形相似，在繁殖期，凤头䴙䴘偶尔会竖起羽冠，这也是它们名字中"凤头"的来历。

　　凤头䴙䴘的分布很广，亚洲、非洲、欧洲、大洋洲都有，在我国的多数地区也都可以看到它们。在北京，凤头䴙䴘多见于城市公园的湖泊以及郊区的河流、水库等地。其中，颐和园每年春季都有凤头䴙䴘在昆明湖中繁殖，届时可以欣赏到它们在水面上跳独特的求偶舞蹈——一对凤头䴙䴘鼓起羽冠，并肩踏水而行，好似一段水中芭蕾。凤头䴙䴘的习性与小䴙䴘相似，也是喜欢栖息在低山或平原地带的河流、湖泊、水塘等地，以捕捉水中的小鱼为食，不过其更偏爱在水域面积辽阔的环境生活。

鹭科

黄苇鳽

Yellow Bittern
Ixobrychus sinensis

黄苇鳽（关翔宇／摄）

　　黄苇鳽（jiān），也叫黄斑苇鳽，体长30余厘米，是鹭科家族中体形较小的成员。它们整体黄褐色，颈部具白色的纵向条纹。黄苇鳽有一个著名的本领——"隐身"，它们依靠这身花斑打扮与芦苇的枯黄叶片混在一起，以躲避天敌。当察觉到有危险时，黄苇鳽通常不会飞蹿、逃走，而是静立不动，同时缓慢地抬起头，伸长脖颈。黄色长喙和颈部的斑纹，使它们看起来就像竖立的芦苇茎叶一样。

　　黄苇鳽的分布范围非常广，遍布亚洲、欧洲、非洲、大洋洲和北美洲。在我国，它们分布在东部和中部广大平原、丘陵地区的湖泊、池塘等水域。黄苇鳽喜爱在生长有茂密植物（特别是芦苇）的水域中生活，以捕捉水中的小鱼小虾、蛙类、昆虫为食。在北京地区，黄苇鳽主要是夏候鸟，城区的奥林匹克森林公园中，潜流湿地附近多芦苇等挺水植物的地方，每年都有不少黄苇鳽安家繁殖。黄苇鳽堪称"伪装大师"，它们一动不动时，很难被发现，所以除了有经验的观鸟爱好者，少有人注意到它们。

夜鹭

Black-crowned Night Heron
Nycticorax nycticorax

夜鹭 繁殖羽（关翔宇／摄）

　　夜鹭是一种中型涉禽，体长可达60厘米。跟其他常见鹭类相比，它们显得比较粗壮，喙不算很长，脖子很短。虽然不够纤巧，但夜鹭的外貌非常漂亮：蓝黑色的头顶、白色的脸颊，看起来像戴了一顶礼帽；身体大部分为浅灰色，背部的蓝黑色，看起来像披了一件黑斗篷。夜鹭长着一双大眼睛，它们凭借眼睛的特殊构造，可以在弱光条件下捕食。

　　夜鹭在全世界除南极洲外都有分布，不同地区有不同亚种。在我国的分布范围也很广，大部分平原或丘陵地区的河流、湖泊等水域都有分布，北方地区为夏候鸟，南方一些地区终年可见。由于它们是夜行性动物，白天多躲在水边的树林中休息，不易观察到。在北京地区，夏季的傍晚比较容易见到它们在空中飞行。

池鹭

Chinese Pond Heron
Ardeola bacchus

池鹭 繁殖羽（关翔宇／摄）

　　池鹭是一种中型涉禽，体长近50厘米，较夜鹭小。池鹭的繁殖羽非常漂亮，头、脖颈和前胸为红褐色，背灰色，腹部白色，喙部亮黄色，喙尖黑色。池鹭也是伪装大师，其羽色可以很好地融入环境，藏匿于池塘中很难被发现。

　　池鹭的分布范围很广，除南美洲和南极洲外，其他几个大洲都有分布记录，在我国大部分地区都能找到它们，不过在北方地区，它们通常为夏候鸟。在北京地区，圆明园、奥林匹克森林公园等城市公园和野鸭湖、密云水库等郊区水库环境都有机会看到它们。池鹭多生活在稻田、河流、湖泊等浅水岸边，尤其是多荷叶的淡水池塘。它们常常一动不动地站在荷叶上，时刻等着给浅水中游过的小鱼致命一击。

苍鹭

Grey Heron
Ardea cinerea

苍鹭（关翔宇／摄）

　　苍鹭是一种常见的大型水鸟，体长可达1米。它们披着一身灰色羽毛，长腿、长脖子、长喙，是典型的生活在浅水环境里的涉禽。

　　苍鹭以水中的小鱼、小虾以及蜥蜴、青蛙、蜻蜓幼虫等生物为食。它们的捕鱼方式很有意思，常常静候在水边一动不动，有时可达数小时之久。等鱼游近了，瞬间低头猛戳，用尖尖的长喙叼鱼。因为常站在水边不动，所以人们给它们取了"长脖老等"的俗名，真是非常贴切。这种守株待兔式的策略，让它们几乎不用耗费多少能量，就可以获得足够的补给。

　　苍鹭广布于亚洲、欧洲和非洲，不管是江河、溪流、湖泊、沼泽、海岸，都能看到它们的身影。此外，它们也不太怕人，经常在人工的水稻田里出没。由于个头大，所以它们几乎是人们日常能见到的野生鸟类中最显眼的。在北京地区，苍鹭常集成小群活动，出现在野鸭湖、沙河、奥林匹克森林公园等郊区水库、河流以及城市公园中。

大白鹭

Great Egret

Ardea alba

大白鹭 非繁殖羽（关翔宇／摄）

　　大白鹭是一种大型涉禽，体长近1米。它们有一身雪白的羽毛，脖子细长弯曲，显得十分优雅。到了繁殖季节，它们的喙由黄色变为黑色，肩部也会有长长的蓑羽。稀疏而精致的蓑羽有时甚至会长过尾尖，使得大白鹭就像披了一件流苏纱衣，宛如仙女。

　　大白鹭分布范围很广，除了南极洲，其他几大洲都有它们的身影，算是世界范围内比较常见的鸟。在北京，它们多出现在延庆、密云等郊区以及圆明园等城市公园中。大白鹭的适应能力很强，可以生活在河流、湖泊、海滨等各种湿地环境中，以水中的鱼、虾、贝类以及水生昆虫等为食。

　　与大白鹭相似的鹭科鸟类还有白鹭和中白鹭，这两种鸟体形和羽色与大白鹭很像，不过，大白鹭个头最大，喙最长，脖子弯曲的弧度也更大，这是它们的辨识特征。

白鹭

Little Egret

Egretta garzetta

白鹭（关翔宇／摄）

　　白鹭又名小白鹭，是一种中型涉禽。它们外貌与大白鹭、中白鹭有不少相似之处，也是一身雪白的羽毛、纤细修长的脖子和腿，但它们体长60厘米左右，身材更加秀气、纤巧一些。此外，白鹭最为明显的特征是跗趾为黑色、趾为黄色，好似套着一双黄袜子。在夏季，它们头后会长出两根长长的装饰羽，像两条白色的小辫子，非常俏皮。

　　白鹭有时在水边展开双翅做出"跳跃"的姿态，很多人以为它们是在水中起舞。其实这是它们的捕食策略，用双足在水底搅动，惊扰出那些蛰伏不动的猎物，以便趁乱捕捉。

　　白鹭在世界范围内分布很广，亚洲、欧洲和非洲都有，在我国也广布于多数地区。北方地区，白鹭多出现在夏季。在北京的城市公园、郊区水库等浅水环境，经常能见到它们的倩影。白鹭喜欢生活在水稻田、河流、湖泊和海滨的浅水地带，常结成小群，或者与其他水鸟混杂在一起，成群觅食。小鱼小虾、水中的昆虫为它们的主要食物。

鸬鹚科

普通鸬鹚

Great Cormorant

Phalacrocorax carbo

普通鸬鹚 非繁殖羽（关翔宇／摄）

普通鸬鹚是一种大型水鸟，它们体长能超过80厘米。普通鸬鹚也被叫作"鱼鹰"或者"黑鱼郎"，这种称呼准确地概括了它们的特征——羽毛以黑色为主，喙部尖利有钩像鹰，以捕鱼为食。我国南方很多地区都驯化普通鸬鹚协助渔夫捕鱼。它们流线型的身姿可以很好地减少水中阻力，眼睛的独特结构使其有极佳的水下视力，前端带钩的长喙让鱼难以逃出生天，可以大幅扩展的喉部使其吞得下较大的猎物，真不愧是天生的渔夫。如果细看普通鸬鹚，它们也并非通体黢黑，而是头颈、两肩、双翅会有蓝色或紫色的金属光泽，在阳光下显得非常神气。

普通鸬鹚分布非常广泛，除了南极洲和南美洲，其他大陆上都有它们的踪迹。普通鸬鹚在迁徙时也会列阵，有时可以看到几十只组成的阵列，但不会像雁鸭类那样整齐。不过它们在北京不算多见，春秋季节会出现在面积较大的水库、湖泊中。普通鸬鹚善于潜水，通常集群生活在水边，有时集体下潜，在水中飞速游动，追逐鱼群。不下水的时候，它们经常会站在岸边的树枝、朽木上，还会时常伸开双翅，晾干羽毛上的水。

鹰科

凤头蜂鹰

Crested Honey-buzzard
Pernis ptilorhynchus

凤头蜂鹰 雌鸟（关翔宇／摄）

凤头蜂鹰，也叫东方蜂鹰，体长可达60厘米，是一种中大型的猛禽。凤头蜂鹰有一双宽大的翅膀，但头部较为细小。从远处观看一只停落的凤头蜂鹰，就好似一只大型斑鸠。凤头蜂鹰是猛禽中的拟态之王，它们至少拥有十几种色型，有些拟态蛇雕，有些拟态鹰雕，有些拟态大鵟。

凤头蜂鹰的名字既包含它们的外在特征，又说明了其食性。它们的后脑勺上，有几根略长的羽毛形成小巧的羽冠，这就是"凤头"的来源；而它们的主要食物是各种昆虫，不过蜂类是它们的最爱，因而得名"蜂鹰"。

凤头蜂鹰主要分布在亚洲东南部，多栖息于平原、丘陵地区的林地，在大树上筑巢。在我国，有些种群在南方地区繁殖。在北京地区，它们多为旅鸟，有时候在北京的西山地区，一天能看到上千只凤头蜂鹰从头顶掠过。

雀鹰

Eurasian Sparrowhawk
Accipiter nisus

雀鹰 雌鸟（关翔宇／摄）

　　雀鹰个头不大，体长仅30余厘米，属于中小型猛禽。它们雌雄差异不大，浑身灰褐色的羽毛，背部颜色深，腹部颜色浅具红褐色横纹，尾羽较长。雄鸟整体偏灰，有个小红脸，雌鸟整体偏褐色。雀鹰虽小，但嘴尖爪利、眼睛有神，有着"鹰"的机敏气质。相对较长的翅和尾，让雀鹰兼具速度和灵巧。它们在空中盘旋，寻找林中的小鸟、老鼠以及昆虫等小动物为食，身手迅捷，绝对是小型鸟类的头号杀手。

　　雀鹰广布于亚欧大陆和非洲北部地区。在我国，它们几乎在各地都有记录。在北京的春秋冬三季，不论是西山还是国家植物园、圆明园等地，都不难看到它们的身影。雀鹰的适宜栖息地种类繁多，从针叶林到阔叶林，甚至在一些公园绿地中都可以生存。

白尾鹞

Hen Harrier
Circus cyaneus

白尾鹞 雄鸟（关翔宇／摄）

  白尾鹞体长近50厘米，是一种中等体形的猛禽。其雌雄外形差异很大，雄鸟整体灰白色，上体偏灰，下体偏白，腰部白色；雌鸟整体黄褐色，白腰明显。虽被称为白尾鹞，但其实它们的尾部羽毛并不是白色，而是尾上覆羽，也就是尾上方的羽毛为浅色。

  白尾鹞广布于亚欧大陆、北美洲、非洲北部等地。在我国，大部分地区都有分布记录。它们不喜欢在高空盘旋，善于沿着湿地上空低飞巡查，以小型的鸟类、两栖爬行动物和昆虫为食。在北京地区的沼泽湿地，春秋冬三季，都有机会看到它们。

黑鸢（黑耳鸢）

Black Kite
Milvus migrans

黑鸢（关翔宇／摄）

　　黑鸢是一种体形较大的猛禽，最大个体体长近70厘米，翼展可达1.6米。整体为深褐色，一双宽大的翅膀，翅下具一处显眼的白斑。黑鸢最大的特点就是尾羽中部内凹，呈叉状尾。

　　黑鸢广泛分布于亚欧大陆和非洲等地。在我国的多数地区都有分布。它们曾经是我国最常见的猛禽之一，但近些年东部地区的黑鸢数量下降较快，仅在新疆地区还可以看到大量的黑鸢繁殖。在北京的春秋季节，我们有可能会看到这种猛禽。它们经常成群在高空盘旋，寻找地面上的食物，喜欢在有人类居住的村庄以及草原、湿地等地活动。

普通鵟

Eastern Buzzard
Buteo japonicus

普通鵟（关翔宇／摄）

　　普通鵟体长约55厘米，翼展约1.3米，属于体形中等的猛禽。普通鵟个体羽色差异较大，按羽色可以分为淡色型、暗色型等几种。多数个体全身为棕褐色。它们体形粗壮，双腿强壮有力。

　　普通鵟喜欢生活在视野开阔的草原、旷野等地，有时它们也会出现在农田附近。田野中的鼠类是它们最喜欢的猎物。它们经常借着气流，长时间在高空盘旋，寻找地面上的目标，发现目标后，会猛冲下来，用利爪捕捉。

　　除南极洲外，几乎各大洲都发现过普通鵟的踪迹，不过它们最主要的栖息地还是在亚洲和欧洲。我国的大部分地区都有普通鵟的记录。在北京地区，除了夏季，全年都有机会看到它们的身影。迁徙时期，有时候一天可以看到多达百只的普通鵟集群而过。

隼科

红隼

Common Kestrel
Falco tinnunculus

红隼 雄鸟（关翔宇／摄）

红隼是一种中小型猛禽，体长只有30余厘米。虽然只有鸽子大小，但它们外观干练，尤其是一双明亮的大眼睛看起来很是精神。虽名为红隼，但它们并不是周身都为红色，雄鸟翅膀前部、肩背等处，羽毛颜色红棕，头和尾部为灰色；雌鸟全身棕褐色具深褐色花纹。红隼喜欢在视野比较开阔的山地、旷野以及城市中活动。红隼最主要的食物是鼠类，此外还会捕食昆虫、蛙类、蜥蜴，甚至小型鸟类等。它们经常扇着翅膀在空中悬停，看到猎物后，便急速俯冲。除了悬停特技外，红隼的眼睛可以很好地识别紫外线，它们常常能通过地面残留的尿液观察到鼠类留下的踪迹。

红隼广布于亚洲、欧洲、非洲和北美洲，它们还是比利时的国鸟。在我国，红隼广布于各地，并且四季可见。在北京郊区的农田环境中，比较容易看到它们的身影。

红脚隼（阿穆尔隼）

Amur Falcon
Falco amurensis

红脚隼 上雌下雄（关翔宇／摄）

红脚隼也叫阿穆尔隼，它们体长近30厘米，是一种较小型的猛禽。红脚隼个头虽然不大，颜值却颇高。雄鸟从头、背到尾，主要为深灰色，翼下前方为亮灰色，尾下覆羽为橙红色；雌鸟腹部白色带心状斑纹。

红脚隼体形小，主要以捕捉昆虫为食，因为它们常站在路边的电线杆上，寻找蚂蚱等昆虫，民间称其为"蚂蚱鹰"。红脚隼多生活在平原、低山丘陵等地，栖息在草原、树木稀疏的树林里。

它们的分布区主要是亚洲、非洲以及欧洲部分地区。在我国，它们的身影几乎遍布东部地区。在北京，4月到10月，常常可以在郊区的农田里看到它们。

燕隼

Eurasian Hobby
Falco subbuteo

燕隼（娄方洲／摄）

　　燕隼体长约30厘米，和红脚隼大小相当，是一种较小型的猛禽。从外观看，它们的身体主要为青灰色，胸前羽色偏白具黑色纵纹，而下腹部至尾下覆羽为红棕色。燕隼有略弯的尖喙、锋利的爪子，彰显出猛禽的身份。它们双翅狭长，迅捷灵动而不失力量感，让燕隼具有短时间快速冲刺和转向的能力。捕食时，燕隼常站在高处观察，发现小型鸟类、昆虫后，可以在空中捕食。

　　燕隼的分布区较广，北半球和非洲南部都有分布，在我国各地几乎都可以看到。它们喜欢生活在不太茂盛的林地里，草原、疏林山丘和农田都能看到它们。在北京地区，它们喜欢生活在郊区的山地和农田附近。

秧鸡科

黑水鸡

Common Moorhen
Gallinula chloropus

黑水鸡（关翔宇／摄）

黑水鸡是一种体形较小的涉禽，体长约30厘米，外形有些像家鸡。它们有鲜艳的红色喙部，喙尖为亮黄色，非常显眼。黑水鸡喜欢生活在挺水、浮水植物茂盛的沼泽地带，用一双黄色的长腿在植物间跑来跑去。有时，不熟悉它们习性的人会经常感到意外："为什么会有鸡在水里跑？"

如果仔细观察可以发现，黑水鸡的脚趾格外修长。这样的大脚，让它们可以轻易地踩在水生植物上行走，而且还善于在水中游泳。它们生活在水草多的河滩、湖泊等地，既吃水草，也吃鱼虾、昆虫等小动物。

黑水鸡分布范围很广，除南极洲外，其他各洲都有分布。在我国，它们出现在全国大部分地区，东部和西部地区都有繁殖地，但在北方多为夏候鸟。在北京的圆明园、奥林匹克森林公园等城市公园中都很容易看到黑水鸡。

鹤科

灰鹤

Common Crane
Grus grus

灰鹤（关翔宇／摄）

　　灰鹤是北京地区数量最多、遇见率最高的野生鹤类。虽然没有丹顶鹤那么出名，但它们也是非常有魅力的鸟类。灰鹤体长约1.2米，属于大型涉禽，脖颈、腿细长。灰鹤的羽毛以灰色为主，但头部到脖颈的两侧为白色，灰黑色头顶略沾红色，脖子下面一直延伸到胸部为黑色。站立时，翅尖较长的飞羽垂在尾部，好像穿了一件黑色的流苏裙。灰鹤飞行时比较容易辨认，它们体形较大，飞翔时脖子伸直，姿态优美，而且时常发出独特悠远的鸣叫声。灰鹤同其他鹤类一样，比较警惕，人难以靠近。

　　灰鹤在亚洲、欧洲和非洲都有分布。在我国，它们分布范围很广，新疆、内蒙古等北方地区都有灰鹤繁殖。在北京地区，延庆、密云两地的郊区开阔农田地带，早春、深秋和冬季不难看到它们成群活动。我曾在冬季的密云水库见过约3000只灰鹤集群越冬的壮观景象。

反嘴鹬科

黑翅长脚鹬

Black-winged Stilt
Himantopus himantopus

黑翅长脚鹬（关翔宇／摄）

　　黑翅长脚鹬是水岸边的明星，它们是最漂亮、最受人喜爱的常见鹬类之一。黑翅长脚鹬名副其实，它们身体主要为白色，翅膀黑色，还有一双长腿（脚）。涉禽多有一双长脚，但黑翅长脚鹬身材纤巧，一双颜色鲜红的长脚甚长，如芭蕾舞演员般优雅、轻盈。它们时常三五成群地在浅水滩、沼泽中寻找虾类、贝类等食物。

　　黑翅长脚鹬飞行能力很强，它们的分布区域很广，除了南极洲，各大洲的很多地区都能见到它们。在我国，它们在东北、西北等地区度夏繁殖，在南方地区越冬。黑翅长脚鹬在北京地区多为夏候鸟和旅鸟，在野鸭湖、密云等地的沼泽湿地可见。

鸻科

凤头麦鸡

Northern Lapwing
Vanellus vanellus

凤头麦鸡（关翔宇／摄）

　　凤头麦鸡是体长30厘米的涉禽。若是在晴天用望远镜观察，你定会感慨凤头麦鸡的艳丽。它们整体偏黑白两色，头上梳着一个俏皮的小凤头，上体金属铜绿色略带紫红色，胸部近黑色，部分偏白，尾下有一抹橙红色浓妆。它们飞行技术高超，常在空中上下翻飞，尤其是猛禽接近其巢区时，还会尖声报警并奋力驱逐。

　　凤头麦鸡广布于亚欧大陆。在我国，它们于东北、西北、华北等地区繁殖，在南方地区越冬。在北京地区凤头麦鸡为不难见的旅鸟，它们主要以昆虫和杂草种子及植物嫩叶为食，一般可见于郊区的沼泽湿地、湿润草地、农田中。

金眶鸻

Little Ringed Plover
Charadrius dubius

金眶鸻（关翔宇／摄）

金眶鸻是一种体形小巧的水鸟，它们体长只有15厘米左右，比麻雀大不了多少。这种小家伙整体为灰褐色，额头白色，一道黑色斑纹自头顶延伸至眼后，金黄色的眼圈是它们身份的标志，喉部到下腹为白色，具一道明显的黑色胸带。

它们经常聚成小群在水岸边快速跑动，看起来就像小鼠一般，好像很忙碌的样子。仔细观察它们就会发现，金眶鸻长得很可爱，圆圆的大头、镶着金边一般的眼圈、横贯额头的黑色条纹，就像戴着佐罗的面具一样。

金眶鸻广布于亚欧大陆和非洲，在我国分布也很广泛，几乎所有省份都有记录。在北京地区，它们会在郊区的沼泽湿地繁殖。草籽、小昆虫是金眶鸻的主要食物。

环颈鸻

Kentish Plover
Charadrius alexandrinus

环颈鸻（关翔宇／摄）

环颈鸻的体长和金眶鸻相似。雄鸟头顶棕色，贯眼纹黑色，颈侧有一道较窄的黑色斑纹，上体灰褐色，下体白色；雌鸟似雄鸟，略有差异，颜色较淡。大头圆脑大眼睛，好动的它们和金眶鸻一样，总是不停地快速行走。

说到名字，很多观鸟爱好者觉得环颈鸻的名字有点名不副实，认为它们颈上的黑色斑纹并没有闭合成环。其实真正的"环"并不是指那道黑色斑纹，而是黑色上方的白环。只不过白色颈环不太显眼，所以常被人们误解。但这并不影响有缺口的黑色斑纹成为环颈鸻重要的识别特征之一。

环颈鸻广布于亚欧大陆、非洲、美洲等地区，在我国几乎所有省市地区都有记录，在东部地区迁徙过境时，有时可见多达上千只的大群。在北京，它们常在郊区的水库周边和淡水沼泽地带繁殖。环颈鸻栖息于河岸沙滩、沼泽草地上，通常单独或集小群活动于海边潮间带、泥地、盐田、近水的荒地和沼泽等地带。主要以昆虫、软体动物为食，也食植物种子。

丘鹬科

扇尾沙锥

Common Snipe
Gallinago gallinago

扇尾沙锥（关翔宇／摄）

扇尾沙锥，说起这个名字可能会显得有些陌生，但这种鸟的数量其实并不少。扇尾沙锥体长近30厘米，全身黄褐色具深色杂斑。它们最明显的特征就是长喙，喙的长度几乎是躯干长度的一半。从外貌上看，它们就像一只胖乎乎的鹌鹑长了一双长腿，外加一个格外长的喙。扇尾沙锥经常藏匿在多草的沼泽地中，难怪见过它们的人并不多。

扇尾沙锥分布范围很广，除了南极洲、南美洲和大洋洲，其他大洲都有记录。在我国，大部分省区都有记录，部分在北方地区进行繁殖。在北京，它们多出现在春秋季节的郊区湿地周边。扇尾沙锥喜欢生活在河流、湖泊、沼泽等地，在泥岸或浅水中不断踱步，发现泥中的螺、贝等小动物后，用长喙去啄食。

白腰草鹬

Green Sandpiper
Tringa ochropus

白腰草鹬（娄方洲／摄）

白腰草鹬体长约23厘米，是一种小型涉禽。它们脚长喙长，全身主体为灰褐色，背上布满不明显的白色斑点，腹部纯白。在杂草丛中或是多石的河流沿岸，这身装扮可以很好地伪装。白色的眼圈是它们的识别特点之一。此外，白腰草鹬飞行时会露出腰部白色羽毛，与灰褐色上体形成鲜明对比，这也是它们的另一个辨识特征。

白腰草鹬广布于亚欧大陆和非洲，北美洲、大洋洲也有记录。我国各省几乎都有记录。在北京地区，它们主要出现在房山十渡、怀柔白河峡谷等地的多石溪流附近。白腰草鹬的适应能力很强，不管是山地还是平原，只要有浅水滩、沼泽，都比较容易见到它们的身影。它们通常单独或成对出现，捕食时蹚水前行，寻找水中的小虾、田螺、昆虫等。

矶鹬

Common Sandpiper
Actitis hypoleucos

矶鹬（关翔宇／摄）

矶鹬体长约20厘米，较白腰草鹬略小，属于小型涉禽。它们体羽颜色低调，除了腹部偏白，全身主体为灰褐色，肩部具一明显的白色斑块，有别于其他小型灰褐色鸻鹬。矶鹬站立时常不住地点头、摆尾，样子很是滑稽。

矶鹬这个名字起得也是相当贴切。"矶"字指水边突出的岩石或石滩。的确，矶鹬最喜欢的生活环境就是多石的河流和海边环境。

矶鹬广布于亚洲、非洲、美洲、大洋洲等地。在我国，它们分布范围很广，各个省份几乎都有记录。在北京地区，它们同白腰草鹬类似，喜欢栖息在山区的小溪、河流边。在其他地区，它们也出现于海岸、河口和附近沼泽湿地中。主要以昆虫、螺、蠕虫、小鱼等为食。

鸥科

红嘴鸥

Black-headed Gull
Chroicocephalus ridibundus

红嘴鸥 繁殖羽（娄方洲／摄）

　　红嘴鸥属于体形中等的鸥类，它们体长大约40厘米。与很多鸥类一样，它们的翅膀很长，翼展约有1米。因为体形大小有点儿像鸽子，民间也把它们称为"水鸽子"。红嘴鸥身体大部分为白色，头和尾尖为黑色。它们之所以叫"红嘴鸥"，是因为成鸟喙部颜色发红。如果冬季去昆明看鸥，那其中的99%都是它们。而人们常说的"海鸥"，其实多数也是红嘴鸥。

　　红嘴鸥的分布范围非常广，除了南极洲之外，其他几个大洲都有它们的踪迹。很多人以为，"海鸥"只生活在海滨，其实很多鸥类适应性很广，只要有足够宽阔的水面、有鱼虾等丰富的食物，它们都可以生活。在我国，红嘴鸥非常多见，除了海边，在内陆地区的湖泊也很容易见到。在北京地区，春秋季节，郊区面积比较大的湖泊、水库能有机会看到红嘴鸥成群聚集在一起。

鸠鸽科

岩鸽

Hill Pigeon
Columba rupestris

岩鸽（关翔宇／摄）

　　岩鸽是体长约30厘米的鸠鸽科鸟类，外形极像家鸽。岩鸽整体多灰白色，翅上有两道黑色斑纹，腰部和尾部各有一道宽大的白斑。

　　不要说普通人，就算是很多刚入门的观鸟爱好者也常会把它们当作家鸽，因为它们真的和家鸽长得太像了。其实，还有一种名为原鸽的鸠鸽科鸟类和岩鸽也很相像，而它就是我们现在看到的家鸽的祖先。

　　岩鸽较广泛地分布在亚欧大陆。在我国，除了东南地区以外，几乎都有分布。在北京地区，它们为留鸟，全年可见，像门头沟沿河城、房山十渡等地区，不难看到它们的身影。至于它们为什么叫岩鸽，原因很简单，因为它们喜欢生活在多岩石的山区，从低海拔到海拔3000米以上的山区都有分布。岩鸽常成群活动，有时会结小群到山谷和平原地区觅食，以植物种子、果实等植物性食物为主。

山斑鸠

Oriental Turtle Dove
Streptopelia orientalis

山斑鸠（关翔宇／摄）

　　山斑鸠，体长约32厘米，从外观上看，是一种体形较小的鸠鸽科鸟类，常被人当作羽色比较好看的家鸽。其实这也不能完全算错，因为山斑鸠与家鸽都属于鸠鸽科，亲缘关系比较近。山斑鸠是北方常见的斑鸠中长得比较漂亮的一种，它们胸腹灰粉色，背和翅膀有青灰色、褐色的斑块状花纹，颈侧的斑纹是白底黑道，这是它们和珠颈斑鸠的主要区别。

　　山斑鸠广布于亚欧大陆，在北美洲和非洲也偶有记录。在我国，几乎各地都有分布。在北京，它们多为留鸟，全年可见，也不做长距离迁徙。山斑鸠在郊区村镇、山区林地都能生活，它们既吃植物的果实、嫩叶，也吃昆虫等小型动物，食谱广泛。

灰斑鸠

Eurasian Collared Dove
Streptopelia decaocto

灰斑鸠（关翔宇／摄）

　　灰斑鸠，体长30厘米，比普通家鸽略小，属于体形中等的鸠鸽科鸟类，看起来像被"漂白"了的鸽子。灰斑鸠全身羽毛以灰色为主，胸腹颜色浅，翅膀后背略深。比较有趣的是，它们脖子后部有一道黑色的条纹，看起来像搭了一条小小的黑色围巾。

　　灰斑鸠广布于亚洲大陆，后被人为引入美国。在我国，它们主要分布于华北、西北以及长江中下游地区，不同地区的灰斑鸠体色略有不同。灰斑鸠既吃草籽也吃昆虫等小型动物，主要生活在山区、平原地带的农田、耕地、果园等环境。在北京地区，它们较常见于密云、延庆的农田耕地地带。

珠颈斑鸠

Spotted Dove
Spilopelia chinensis

珠颈斑鸠（关翔宇／摄）

　　珠颈斑鸠是我国分布最广、最为常见的一种斑鸠，它们体长30厘米左右，体形类似家鸽但略小，尾羽比家鸽长。珠颈斑鸠得名"珠颈"，是因为它们脖子后部有一块黑底、密布白色点状花纹的区域，看起来像戴了一个珍珠脖套，非常特别。它们不太怕人，有时可以离人很近，能清楚地展示身上羽毛的花纹。如果在家门口，尤其是春季，听到"咕咕—咕"的叫声，那多半就是它们了。

　　珠颈斑鸠主要分布于亚欧大陆、大洋洲和北美洲，在我国很多地区为留鸟。在北京地区，珠颈斑鸠也很常见，城市公园、居民小区、学校都能见到它们的身影。它们主要以草籽植物为食，偶尔也捕捉昆虫。

杜鹃科

大杜鹃

Common Cuckoo
Cuculus canorus

大杜鹃（关翔宇/摄）

　　大杜鹃是一种分布最广、适应能力最强的杜鹃科鸟类。它们体长约30厘米，体形远看像放大版的燕子，但是脖子短、头比较大，喙更细长一些。它们的羽色整体多为暗淡的灰色，胸前到腹部为白色具黑色横纹。相比于大杜鹃的真容，大家可能更熟悉它们的叫声，4、5月的清晨，那声声清脆的"布谷—布谷—"就是大杜鹃在叫了。

　　以大杜鹃为代表的杜鹃科鸟类，大多数繁殖时期不亲自筑巢育雏，而是把卵产在其他鸟的巢中，让其他鸟代替它们养育后代。大杜鹃幼鸟出生后的第一件事就是把巢中寄主的其他卵拱出巢去，使寄主只喂食它一只。这种繁殖方式似乎很"残酷"，其实也是自然选择的一种。

　　大杜鹃主要生活在平原、山区的林地中，分布区为亚洲和非洲等地。在我国，它们多为夏候鸟，在西部、东部地区都有。北京地区也有大杜鹃活动，京郊或是城区的湿地，在夏季并不难见其真容，如奥林匹克森林公园的潜流湿地，很容易看到它们。近几年有研究人员为北京的几只大杜鹃装上了微型卫星追踪装置，以便做鸟类迁徙研究。令人惊讶的是，大杜鹃每年要飞到非洲越冬，第二年再返回北京进行繁殖，如此迁徙真是让人惊叹。

鸱鸮科

红角鸮（东方角鸮）
Oriental Scops Owl
Otus sunia

红角鸮（关翔宇／摄）

红角鸮（xiāo），一种体形较小的鸮类，体长约20厘米。全身羽毛灰褐色或棕红色带深浅纹路，非常接近树皮的颜色，如果它们站在树梢上一动不动，则很难被发现。它们有着典型的猫头鹰样的圆脸，一双黄色的大眼睛炯炯有神。它们的头顶有时可以看到两个凸出的羽簇，看起来像一对耳朵，又像一对犄角，这就是角鸮的由来。

红角鸮栖息在山区林地，主要在夜间行动，捕捉老鼠、小型鸟类和昆虫。它们主要分布在亚洲地区，在我国分布很广，以东部为主。在北京地区，红角鸮在郊区和城区都有记录。一些校园、城市公园，每年都有红角鸮繁殖。因为它们白天常躲在树洞或树丛间，加之保护色极佳，很难被发现。如果你熟悉它们的叫声，晚上说不定可以寻声找到。要注意的是，红角鸮虽然长相惹人喜爱，但它们是国家二级保护动物，不允许买卖和私人饲养。

长耳鸮

Long-eared Owl
Asio otus

长耳鸮（沈岩／摄）

　　长耳鸮体长约35厘米，属于中等体形的鸮类。长耳鸮有着类似树皮的灰褐色羽毛，面部黄褐色、呈圆形，棕黄色的腹部密布深褐色纵纹。它们最明显的特征就是头上有一对长长的耳羽簇，就像一对长耳朵，这也是它们得名"长耳鸮"的原因。

　　长耳鸮广泛分布在亚洲大陆、北美洲和非洲。在我国分布很广，东西部都有记录。在北京地区，它们常生活在树木繁茂的郊区或城市公园。前些年，每年冬季都有长耳鸮到天坛公园越冬，但随着城市环境的变化，长耳鸮在城市中越来越难看到。它们常栖息在针叶林和针阔叶混交林等林地环境，主要在夜间行动，以捕捉老鼠、小型鸟类和昆虫为食。以长耳鸮为代表的所有鸮形目和隼形目鸟类，至少都是国家二级及以上的重点保护动物，不允许狩猎、买卖、私人饲养。

雨燕科

普通雨燕（北京雨燕）

Common Swift
Apus apus

普通雨燕（关翔宇／摄）

    普通雨燕长相谈不上漂亮，它们体形比普通的家燕略大一些，体长约18厘米。全身黑灰色，两翼极长，形似镰刀，飞行速度很快，是瞬时飞行速度最快的鸟类之一，而且它们可以长时间不间断飞行。普通雨燕四趾朝前的结构让它们无法落在平地上，更不能"走路"，也很难从平地起飞。它们一般在古建筑或者岩石峭壁上筑巢，直接从高处"跳"下俯冲起飞。

    普通雨燕，也被称为北京雨燕，是北京夏季古建筑群附近非常多见的一种小鸟，它们经常在古建筑的屋檐下筑巢，所以也被叫作"楼燕"。普通雨燕在北京城区非常多见，而且总是生活在城市中，与"古都风貌"联系在一起。北京常见的"沙燕风筝"，就是以普通雨燕为原型的；2008年北京奥运会的吉祥物之一"妮妮"，其原型也是普通雨燕。

    普通雨燕的分布区在亚欧大陆和非洲，在我国主要分布在北方地区。在北京一些古建筑多的地方，如鼓楼、颐和园、琉璃厂等地，都能看到它们。它们通常成几只或是几十只的小群，捕食空中的昆虫。从1997年至今，每年的4、5月北京观鸟会都会在颐和园进行雨燕环志。根据环志记录，这些雨燕每年都飞去非洲越冬，第二年又会飞回颐和园繁殖，不愧为洲际行者。

翠鸟科

普通翠鸟

Common Kingfisher
Alcedo atthis

普通翠鸟（关翔宇／摄）

普通翠鸟是一种非常漂亮的小鸟，它们经常被很多观鸟爱好者亲切地称为"小翠"。普通翠鸟体长约15厘米，羽毛非常华丽，得名"翠"鸟也是因为其身上亮丽的翠蓝色羽毛。它们头顶和翅膀为蓝绿色，点缀翠蓝色斑纹，胸腹部为红褐色，眼睛又黑又亮，看上去格外的精神。

别看普通翠鸟个头不大，叫声却十分嘹亮，捕鱼的本事也是十分了得。它们能短时间潜水，而且入水后还能迅速调整水中光线折射造成的误差，准确捕食小鱼小虾，所以普通翠鸟也是著名的"钓鱼郎"。

不过，普通翠鸟也因为这身美丽的羽毛而遭殃。过去人们捕捉翠鸟，用它们的羽毛制作工艺品、装饰品，导致翠鸟的数量大幅下降。现在虽然早已用现代工艺代替这种残忍的美，但自然栖息地的破坏和减少也对翠鸟产生了很大的威胁。

普通翠鸟在亚欧大陆、非洲、大洋洲都有分布。在我国，它们分布范围很广，多数地区都可见到。普通翠鸟喜欢生活在浅水的池塘、湖泊边，它们生性孤僻，通常独居或成对生活。在北京地区，颐和园、圆明园等城市公园和郊区水域都能看到它们。

戴胜科

戴胜

Common Hoopoe
Upupa epops

戴胜（关翔宇／摄）

　　戴胜是常见鸟类中长相最独特的，经常被误认为啄木鸟。它们体长约30厘米，体形中等，一身黑黄白的羽毛，纹路清晰，颜色鲜明。它们最显著的特征就是头上高高的羽冠，就像戴着一顶皇冠一样，还有人觉得这像印第安人的装扮。

　　戴胜的名字，就跟它们的羽冠有关。在我国古代，女性头上有一种装饰品叫"胜"，而这种鸟看起来就像头上戴着"胜"一样，所以取名"戴胜"。不过，戴胜还有一个不太好听的名字——臭姑鸪，因为雌鸟照顾后代时，会让鸟巢变得臭烘烘的，这可能可以很好地熏走天敌，有利于保护幼鸟。

　　在世界范围内，亚欧大陆、非洲、北美洲都有它们的踪迹，它们还是以色列的国鸟。在我国，各个省份都有分布记录。在北京地区，不论城市还是郊外，都有机会看到戴胜。它们可以栖息在山地、平原、田野、农田等多种生境中，而且不太怕人，经常居住在村庄附近。也许某天你就发现戴胜正在开阔的草地上用长嘴在地上左啄啄、右刨刨，然后夹起一只小虫子吃掉。

啄木鸟科

星头啄木鸟

Grey-capped Pygmy Woodpecker
Yungipicus canicapillus

星头啄木鸟（关翔宇／摄）

　　星头啄木鸟体长约16厘米，比麻雀略大一点，是一种体形较小的啄木鸟。它们头顶黑色，后背的羽毛也主要为黑色，但具有白色的条纹，看起来像披着一件黑底白花的披风，胸腹部棕色具黑色条纹。与其他啄木鸟一样，它们经常在树干上攀爬。

　　星头啄木鸟一般是单独生活，繁殖期会成对出现。它们一般生活在森林中，以在树上寻找藏在树皮缝隙和树干里的小虫为生。它们的食谱里有天牛、蠹虫等一些对树木有危害的虫子，所以很多人把啄木鸟称为"树木医生"。

　　星头啄木鸟主要分布在亚洲东部和南部，在我国，东部广大地区都可以看到它们。它们在北京城市绿化比较好的地方和郊区都有分布，但是因为它们个头小，多栖息在树冠层，所以有时可以听到它们啄树干的声音，但不一定能看到它们的身影。

大斑啄木鸟

Great Spotted Woodpecker
Dendrocopos major

大斑啄木鸟 雄鸟（关翔宇／摄）

　　大斑啄木鸟是我国分布最广、最常见的一种啄木鸟，它们体长可达25厘米。大斑啄木鸟体羽有黑白红三色羽毛，比较容易辨别。它们背部以黑白两色为主，黑色的羽毛上有清晰的白色纹路，胸腹部颜色较浅。大斑啄木鸟最大的特点是尾下覆羽为亮红色。雄性大斑啄木鸟的头顶为艳丽红色，雌鸟头顶无红色羽毛。

　　大斑啄木鸟喜欢单独活动，它们经常停留在垂直的树干上，有时候看起来，就像有只鸟坐在一个红色的座位上。

　　大斑啄木鸟生活在林地中，也会出现在农田周围，它们也是适应城市生活最好的啄木鸟。它们广泛分布于亚欧大陆，在非洲、北美洲也有记录。在我国，它们主要分布在东部、中部地区。在北京地区，大斑啄木鸟是最常见的啄木鸟，在城市里，绿化比较好的校园、公园甚至小区都能看到。特别是春季，经常可以听到它们"嗒嗒嗒"一长串敲击树木的声音，顺着声音就比较容易找到它们。

灰头绿啄木鸟

Grey-headed Woodpecker

Picus canus

灰头绿啄木鸟 雄鸟（关翔宇／摄）

　　灰头绿啄木鸟体长近30厘米，属于体形中等的啄木鸟。它们的外貌正如其名，头部羽色偏灰，身体以绿色为主。灰头绿啄木鸟的雄鸟头顶有一小块红色，比较鲜艳，像是脑门上顶了个小红灯，雌鸟头顶无红色。它们的尾巴短而结实，在树干上停留捉虫时，尾羽可以起到一定支撑身体的作用，像个小马扎。

　　灰头绿啄木鸟主要分布于亚欧大陆。在我国，它们分布范围很广，从北到南都有。在北京地区，灰头绿啄木鸟在城里和郊区都有，但不及大斑啄木鸟常见。灰头绿啄木鸟生活在林地中，主要以树干里、树皮上的昆虫为食，冬季食物不足时，也会吃一些植物种子、果实。在春季繁殖季节，它们的叫声比较响亮，有些类似人的大笑声。

伯劳科

红尾伯劳

Brown Shrike
Lanius cristatus

红尾伯劳（沈岩／摄）

红尾伯劳，民间俗称"胡不拉"，它们虽然不是猛禽，却是一种十分凶猛的雀形目掠食者。红尾伯劳体形不大，体长约20厘米，羽毛颜色为灰褐色至红褐色。它们最明显的特点是眼睛上有一道黑色的纹带，就像佐罗戴的面具。此外，它们有着非常锋利的喙，上喙前端具钩和缺刻，略似鹰，这也是伯劳科鸟类的一个主要特点。

伯劳常被人形容为非常残忍的鸟类，主要原因是它们常将捕捉的猎物挂在带刺的灌木或者树枝上，然后慢慢吃掉。有些猎物还未死亡时就被穿刺在树枝上，让人觉得甚是凶残，故有人称其为"屠夫鸟"。

红尾伯劳分布在除南极洲以外的各个大洲，不过最主要的分布区还是亚洲。在我国，它们在全国各地都有出现。在北京，春秋迁徙时期，在郊区的山林或是城市公园中也可以看到它们。红尾伯劳多生活在平原、丘陵地带的草地、灌木丛环境中，以捕捉蝗虫、蝈蝈以及各种甲虫为生。

楔尾伯劳

Chinese Grey Shrike
Lanius sphenocercus

楔尾伯劳（关翔宇／摄）

　　楔尾伯劳是伯劳科的大家伙，体长可达30厘米。它们的羽毛颜色整体为灰白色，显得很是素雅。它们的脸上有两条黑色条纹穿眼而过，鸟类学术语称其为贯眼纹，绝大多数伯劳都有这个特点。楔尾伯劳黑色的飞羽上具有明显的白色翼斑，很容易识别。

　　楔尾伯劳主要生活在亚洲东部。在我国，它们分布在东部和中部地区，东北地区有繁殖个体。在北京，它们多见于冬季和春秋两季，在延庆、密云等旷野环境中比较容易看到它们。楔尾伯劳喜欢生活在低矮的丘陵或者平原地带，在农田耕地或者稀疏灌木附近捕捉昆虫。因为体形较大，它们也可以捕食蜥蜴、小型鸟类、小型鼠类等。

卷尾科

黑卷尾

Black Drongo
Dicrurus macrocercus

黑卷尾（关翔宇／摄）

黑卷尾，民间俗称"篱鸡"，体长约30厘米。它们的名字听上去有点奇怪，对多数人来说比较陌生。黑卷尾鸟如其名，身体主要为黑色，体羽多灰蓝色光泽。最主要的特征是分叉的尾羽，好像穿着长长拖尾的燕尾服，非常醒目。

民间说，"胡不拉（红尾伯劳）是篱鸡（黑卷尾）的小舅子"。为什么这样描述红尾伯劳与黑卷尾的关系？原来，在它们的繁殖期内，这两种雀形目鸟类中的小霸王，却能够和平共处。当天敌出现时，红尾伯劳和黑卷尾甚至会共同护巢，协同作战，这才使人们对其关系有了如此比喻。

黑卷尾主要分布在亚洲东部和南部。在我国，它们主要分布在东部和南部地区。在北京，它们多为旅鸟和夏候鸟，在郊区山林和旷野环境中可见。黑卷尾虽然个头不大，但是性情凶猛，有很强的领地意识，会结群驱赶其他鸟类，爱打群架。它们飞行技术高超，可以在空中边飞边捕捉昆虫。

鸦科

灰喜鹊

Azure-winged Magpie

Cyanopica cyanus

灰喜鹊（关翔宇／摄）

　　灰喜鹊是中等大小的鸦科鸟类，体长约35厘米，体形比喜鹊略小一些。它们的颜色不像喜鹊那样黑白分明，头顶黑色，似是戴了一顶黑色礼帽，躯干部分的羽毛大多为灰褐色，翅和尾为蓝灰色。

　　灰喜鹊习惯了城镇环境，是一种伴人鸟。它们生活在开阔的树林以及树林边缘地带，在城市绿地中也很常见。除繁殖期外，灰喜鹊多成小群活动，有时甚至集成多达数十只的大群。它们的巢很是简陋，夏季常有幼鸟掉落至地面。灰喜鹊食性很杂，草籽、果实、昆虫都吃，以动物性食物为主。

　　灰喜鹊生活在亚欧大陆的广泛地区，为多数地区的留鸟。在我国，它们主要分布在东部、北部地区，南方较少见。在北京，灰喜鹊很是常见，它们很喜欢生活在城市绿地中，是城市中最常见的鸟类之一。

红嘴蓝鹊

Red-billed Blue Magpie
Urocissa erythroryncha

红嘴蓝鹊（关翔宇／摄）

红嘴蓝鹊是一种漂亮的鸦科鸟类，它们体长可达60余厘米。实际上它们身体不算大，躯干看上去比喜鹊还要小一些，但长长的尾羽让它们测量体长时更占优势。红嘴蓝鹊的颜色很鲜艳，它们有黑色的头颈，红色的喙和脚，翅膀、背和尾巴是艳丽的蓝色羽毛，翅尖、尾尖为白色。

红嘴蓝鹊主要分布在亚洲地区。在我国分布广泛。在北京地区，郊区山地、城市公园、村庄附近都可以见到它们。因为颜色鲜亮，加上尾羽长，它们在野外比较容易识别。不过它们没有鸦科的其他鸟类比如喜鹊、乌鸦那么常见。红嘴蓝鹊主要生活在树林边缘地带，在灌木丛、草地等环境寻找草籽、小型昆虫为食。

喜鹊

Oriental Magpie
Pica serica

喜鹊（关翔宇／摄）

　　喜鹊属于鸦科鸟类，跟乌鸦也算是亲戚，但是比起乌鸦，它们要讨喜得多，被很多人誉为吉祥的象征。喜鹊体长约45厘米，头部、颈部和尾巴等处以黑色为主，腹部以白色为主，翅膀和后背则有蓝色、绿色的金属光泽。在光线暗的地方，喜鹊看起来是黑白两色，而在光线明亮的地方，后背和翅膀的金属光泽看起来是五彩斑斓的黑。

　　喜鹊通常不怕人，它们生活在人类社区的周边，在民宅、城市行道树上筑巢，再加上它们的吉祥寓意，可以说是我国广大地区最常见、辨识度最高的鸟类之一。喜鹊杂食，可以吃水果、草籽，也会捕食一些小型动物。喜鹊虽然在民间名声很好，但是其实很凶猛，它们有时会偷吃其他鸟类的鸟卵和幼鸟。

　　喜鹊分布范围很广，除南美洲、大洋洲与南极洲外，其他地方都有它们的身影。从栖息地来说，平原、丘陵、高山甚至草原都有分布。在我国几乎所有省份也都有喜鹊分布，在北京地区，不论是郊区还是城市，都能看到它们。

达乌里寒鸦

Daurian Jackdaw
Coloeus dauuricus

达乌里寒鸦（关翔宇／摄）

　　达乌里寒鸦是我国乌鸦家族中体形最小的一种，体长约30厘米。达乌里寒鸦整体为黑白两色，除了从枕部一直向下延伸到腹部的白色斑块，身体其余部分为黑色。

　　谁说"天下乌鸦一般黑"，达乌里寒鸦的存在，似乎就是为了反驳这个观点。在春秋季迁徙时期，我们通常可以看到大群的达乌里寒鸦从头顶飞过，有时一群可多达千只。我曾在秋季的百望山山顶，一下午的时间，见到约万只达乌里寒鸦向南飞过。它们的编队非常规整，在大群中个体间距很近，遇到猛禽来袭时，则利用群体的优势，在空中不断变换队形，使掠食者很难锁定目标，无功而返。

　　在亚欧大陆东部，达乌里寒鸦不难见到。在我国的东部地区几乎都有它们的分布记录。在北京的早春和深秋迁徙时期，郊区很容易看到大群的达乌里寒鸦，它们常与小嘴乌鸦、秃鼻乌鸦混群。在北京的冬季，城市周边的垃圾场有时可以看到它们，但与小嘴乌鸦不同的是，它们较少在傍晚飞回城中。它们为典型的杂食性鸟类，昆虫、草籽、腐食，甚至人类遗弃垃圾中的食物残渣也是它们的食物。

小嘴乌鸦

Carrion Crow
Corvus corone

小嘴乌鸦是我国城市里最常见的一种乌鸦，不过它们与另外两种乌鸦——大嘴乌鸦、秃鼻乌鸦非常相似，所以一般人们都会把它们统称为"乌鸦"。

小嘴乌鸦就是人们心目中典型"乌鸦"的外貌，体长约50厘米，个头不小，浑身漆黑，不但羽毛黑，而且连喙、脚和眼睛都是黑色的，只有在阳光下，身上的羽毛才会反射出一些蓝色的金属光泽。小嘴乌鸦虽然叫"小嘴"，其实它们的喙并不很小，只是相对于它们的亲戚大嘴乌鸦等而言，它们的喙要细一些。

小嘴乌鸦杂食，除了自然界的果实、草籽、昆虫等，它们也会啄食动物腐败的尸体以及人类扔掉的食物。经常可以看到它们成群结队地在人类的垃圾场捡食垃圾。

在亚欧大陆，小嘴乌鸦分布特别广泛，它们生活在欧洲、亚洲的北部地区。在我国，主要生活在北方各省，南方偶有记录。在北京地区，城市周边的垃圾场、中心城区都能看到它们。在冬季，经常可以看到大群的小嘴乌鸦白天到郊区觅食，傍晚回到城市里过夜。

大嘴乌鸦

Large-billed Crow
Corvus macrorhynchos

大嘴乌鸦（关翔宇／摄）

　　大嘴乌鸦，俗称"老鸦""老鸹"，它们个头不小，体长大约50厘米，全身羽毛漆黑，叫声是粗糙难听的"呱、呱"声。它们的嘴比常见的另外其他几种乌鸦要厚一些，与其叫"大嘴乌鸦"，不如称为"厚嘴乌鸦"更加准确。

　　大嘴乌鸦跟小嘴乌鸦一样，也属于杂食性，动物、植物、腐烂的尸体、腐败的垃圾，什么都吃，而且经常成群活动。强大的适应能力，让它们生活范围很广，从寒冷的苔原地带、高山灌木丛到温暖的热带平原都可以生存。而且因为它们智商比较高，会利用人类的设施，郊区的垃圾场便成为它们的采食场，而城里的行道树、电线杆则成为它们的夜宿地。

　　大嘴乌鸦主要分布在亚欧大陆。在我国，它们广泛分布在各地。在北京的郊区、中心城区都能见到它们的身影，听到它们不怎么好听的叫声。

山雀科

黄腹山雀

Yellow-bellied Tit

Pardaliparus venustulus

黄腹山雀（沈岩／摄）

黄腹山雀体形很小，体长只有10厘米左右，雌雄差异较大。雄鸟黑头、黑喉、白脸颊，腹部为明亮的黄色，翼上有两道白色翼斑；雌鸟整体羽色暗淡很多。黄腹山雀识别度很高，不难辨认。它们跟其他山雀相似，都有个短短的小喙，相比大山雀，它们的尾巴很短，整体看起来显得短粗一些。

黄腹山雀这种小型鸟类曾是我国的特有鸟类，直到2013年在俄罗斯发现该种的繁殖记录。它们在我国中部到东部、南部地区都有分布。常能在北京郊区山林中见到。黄腹山雀主要生活在海拔不太高的山地、平原地区的山林里，结成小群，在树枝间穿梭，冬季它们会下到低海拔的山脚下或城市公园寻找食物。它们主要以昆虫为食，有时也吃植物的种子或果实。

沼泽山雀

Marsh Tit
Poecile palustris

沼泽山雀（王以彬／摄）

　　沼泽山雀体形很小，体长只有11厘米左右，相对于身体躯干，它们的头很大、脖颈短而粗，看起来比较可爱。它们最明显的特征就是头顶为黑色，与黑顶之下的浅色羽毛对比明显，所以看上去就像戴了一顶黑色的安全帽。它们身体背部为灰褐色或黄褐色，腹部颜色较浅，为黄褐色或米白色。

　　沼泽山雀主要分布在亚欧大陆，在我国分布范围很广，西北、东北以及广大的东部地区都有。在北京郊区的低山山林或是圆明园、颐和园等城市公园中都有机会见到沼泽山雀。它们主要栖息于森林地带，常活动于针叶林、针阔叶混交林的树冠层，常在树枝上或灌木丛中取食。沼泽山雀的食物主要以昆虫为主，偶尔也吃植物种子。

褐头山雀

Willow Tit
Poecile montanus

褐头山雀（沈岩／摄）

　　褐头山雀外形大小、颜色都与沼泽山雀非常相似，体长11厘米左右，背面为深褐色、腹面为浅褐色。两者最大的差别在于头部，褐头山雀的头部颜色多为深褐色，而沼泽山雀头部颜色更黑。此外，褐头山雀喉部的褐色面积一般也较沼泽山雀大。在野外，褐头山雀和沼泽山雀的有些亚种很难区分。

　　褐头山雀广泛分布在亚欧大陆，它们有诸多亚种。在我国，褐头山雀主要分布在从东北到四川、云贵高原范围内。在北京的东灵山、雾灵山、松山等地的针叶林、针阔叶混交林环境中，褐头山雀全年可见。褐头山雀一般分布的海拔较沼泽山雀更高，它们主要生活在丘陵山区的树林中，经常在树枝间跳跃着寻找食物，甚至还能头下尾上地倒悬在树枝上。它们主要以小型昆虫为食。

大山雀（远东山雀）

Japanese Tit
Parus minor

大山雀（关翔宇／摄）

　　大山雀体长约14厘米，和麻雀大小相当，是几种常见山雀中较大的一种。大山雀羽色很漂亮。它们的头部为黑色，但是两颊各有一大块白斑，整个头部黑白分明。它们身体羽色以灰褐色为主，背部偏黄绿色，翅膀及尾羽灰色，腹部偏白色具一道黑色纵纹，好似一道黑色拉链。

　　大山雀广布于亚欧大陆。在我国的东部多数地区都有分布。在北京，它们经常出现在郊区山林或是城市公园中。大山雀个性活泼、行动敏捷，生活在低山、平原地区的山林中。它们经常在枝头蹦蹦跳跳，寻找昆虫和植物种子。

百灵科

云雀

Eurasian Skylark
Alauda arvensis

云雀（关翔宇/摄）

云雀是一种小型鸣禽，它们的羽毛颜色为与沙土相近的黄褐色。云雀的头顶有一簇短短的羽冠，但是除非近距离仔细观察，不然很难发现。虽然外表朴素，但它们的声音却非常婉转动听。

云雀常常集合成小群活动。除了唱歌，它们还有一项值得夸耀的本领，那就是高超的飞行技巧。特别是雄鸟求偶鸣唱时，可以在空中急转、悬停，像杂技演员一样表演高难度飞行动作，故而民间称其为"叫天子"。但也因为它们的美妙歌声，云雀曾被大量捕捉。

云雀主要分布在亚欧大陆和非洲。在我国，它们的分布范围很广，主要在西北、东北地区繁殖，在华北、华南等地区越冬。云雀喜欢生活在草原、农耕地等视野开阔的地方。在北京地区，云雀多出现在郊区的农耕地、荒地等处，冬季常可以看到成群的云雀。它们主要以草籽、小型昆虫为食。

鹎科

白头鹎

Light-vented Bulbul
Pycnonotus sinensis

白头鹎（关翔宇／摄）

白头鹎（bēi）民间俗名叫"白头翁"，听起来好像"老态龙钟"，但其实这种小鸟活泼俏皮，非常可爱。白头鹎为小型鸣禽，体长约18厘米。它们上体灰绿色，下体偏白色或浅灰色，头顶是黑色，头侧的白色非常醒目。这也是它们得名的原因。

白头鹎不太怕人，在城市中经常能见到。它们喜欢在城市灌木丛，特别是果树上成群觅食。食性比较杂，草籽、果实、小虫都吃。白头鹎曾是典型的南方常见鸟类，近些年，它们逐渐向北扩张，在落户北京成为常见鸟后，还有不少个体北上至东北，是我国少见的自然北扩鸟种。

白头鹎主要分布在亚洲，在我国很多省份都有分布，特别是南方各地。在北京地区，城市公园、小区绿地都能看到它们的身影。白头鹎的环境适应能力相当惊人，落户北京后，已成为城市中最常见的鸟之一。

燕科

家燕

Barn Swallow
Hirundo rustica

家燕（关翔宇／摄）

　　家燕是人们非常熟悉的一种鸟，几乎每个人都听过的儿歌"小燕子，穿花衣"唱的就是它们。那家燕是不是穿着"花衣"呢？远处看，它们似乎是一身"黑衣"，但在明亮的阳光下，头、肩和背部的羽毛会呈现出漂亮的带金属光泽的深蓝色，额头、喉部为棕红色，下体基本是白的。说它们一身"花衣"的确没错，只是这身花衣并不是非常花哨。

　　家燕跟大多数鸟类不同，它们是伴人而居的鸟类，通常在我们生活的屋檐下筑巢、繁衍。家燕飞行技巧高超，快速飞行时能急转、升降，姿态优美轻盈。另外，它们主要捕食蚊蝇，对人类有益，所以很受喜爱。

　　家燕分布范围非常广，除了南极洲，各个大洲都有分布，而不论城市还是乡村，甚至高原、旱地，都能看到它们的身影。在我国，除了高原地区，几乎都有家燕分布。在北京的夏季，它们是很容易看到的鸟，特别是在旧城区。家燕有一个习性，每年会回到之前的"家"筑一个新窝。等雏鸟长大可以飞行以后，成群的家燕会在电线、绳索上集结，仿佛一曲"五线谱"。

金腰燕

Red-rumped Swallow
Cecropis daurica

金腰燕（关翔宇／摄）

　　金腰燕，大小和体形均与家燕相似，体长大约20厘米。它们的羽毛颜色也跟家燕近似，但是头部深色面积更少；胸腹部颜色为棕黄色具褐色纵纹；从背面看，腰部位置有一道明显的黄色条带，所以得名"金腰"。它们还经常与家燕混群而居，所以当你看到一群家燕，不妨仔细观察一下，看是不是有金腰燕混在其中。

　　金腰燕民间俗称"巧燕"，而家燕被称为"拙燕"，"巧""拙"主要在于它们筑巢的精细程度。金腰燕的巢呈长颈瓶状，上方粘于房顶，侧向开口；家燕的巢呈碗状，侧面粘在墙上，上方开口。从巢的外形精美程度来看，金腰燕的确要胜过家燕一筹。

　　金腰燕主要分布在亚欧大陆和非洲，大洋洲也有出现记录。在我国，金腰燕分布区很广，多为夏候鸟。在北京地区，金腰燕在城市和郊区都有分布，不过没有家燕数量多。它们与家燕生活习性类似，也是边飞边捕捉昆虫。

长尾山雀科

银喉长尾山雀

Silver-throated Bushtit
Aegithalos glaucogularis

银喉长尾山雀（沈岩／摄）

银喉长尾山雀体形小巧，别看它们体长有16厘米左右，看似比麻雀要大上一点，但它们的身躯其实很小，其长而直的尾羽占了体长的一半还多。银喉长尾山雀的整个身体几乎呈卵圆形，脖子不明显，头和躯干几乎连在一起，加上长长的尾巴，看上去好似一柄勺子。

银喉长尾山雀主要分布在亚欧大陆。在我国，它们主要分布在东部和中部地区。在北京地区，夏季在郊区的山林中比较常见，秋冬季节很多个体会出现在圆明园、奥林匹克森林公园等低海拔的城市公园。银喉长尾山雀常成小群活动，它们以行动敏捷著称，善于在树枝间、灌木上跳跃，因此难有机会仔细观察它们。这种小鸟主要以昆虫为食，偶尔也吃植物种子和果实。

柳莺科

褐柳莺

Dusky Warbler
Phylloscopus fuscatus

褐柳莺（朱雷／摄）

　　褐柳莺体长大约11厘米，身材小巧，体羽主要为灰褐色，背侧略深，腹侧较浅。它们藏在草丛、树枝间活动，很难被发现。褐柳莺的模样和巨嘴柳莺、棕眉柳莺差别不大，在野外不易分辨。

　　它们分布范围很广，在东亚、东南亚、南亚都有记录。在我国，褐柳莺多为北方地区的旅鸟，除西部地区外，大部分省份都有记录。在北京地区，它们是春秋季节的旅鸟，在郊区的山林和城市地区的灌木丛中都有机会见到。它们叫声很特别，听过一次后，下次可能就不会错过了。褐柳莺喜欢生活在山地、平原的近地面处的灌木丛中，它们在其中活泼地跳跃，寻找昆虫。

黄腰柳莺

Pallas's Leaf Warbler
Phylloscopus proregulus

黄腰柳莺（朱雷／摄）

　　黄腰柳莺是一种特别纤巧的小鸟，它们体长不到10厘米，体重不足10克。全身呈橄榄绿色，头部具鲜亮的黄色眉纹和顶冠纹，翅上的两道黄色翼斑非常明显。这种体色鲜艳的小鸟颜值很高，但只有仔细观察才能看清，而黄腰柳莺喜欢在树冠层的顶部不停地蹦来蹦去，寻找虫吃，我们即使利用望远镜也很难看清楚这个好动的小家伙。

　　黄腰柳莺主要分布在亚洲东部地区。在我国，春秋迁徙时期常见于东部地区。在北京地区，早春和深秋季节，如果你仔细寻找，在郊区和城区的林地中不难看到它们。

黄眉柳莺

Yellow-browed Warbler
Phylloscopus inornatus

黄眉柳莺（关翔宇／摄）

　　黄眉柳莺与黄腰柳莺体形大小和外貌都很相似，体长约10厘米，全身多为灰绿色和橄榄绿色。与黄腰柳莺相比，它们整体羽色偏暗淡一些，头部通常没有顶冠纹。

　　黄眉柳莺主要分布在亚洲东部，分布区也与黄腰柳莺相似。在我国，它们主要分布在东部、中部地区，在西北地区也遇有记录。在北京春秋季节的林地环境中非常容易看到它们。黄眉柳莺迁徙时在山地和平原地带的针叶林、针阔叶混交林、柳树林、果园等生境都可遇到，它们主要以昆虫为食。同黄腰柳莺习性相似，它们也喜在林地中不停地跳跃，很难看清。

苇莺科

东方大苇莺

Oriental Reed Warbler
Acrocephalus orientalis

东方大苇莺（关翔宇／摄）

　　东方大苇莺，虽然名字中有个"大"字，其实体形并不大，体长约18厘米，不过这在苇莺中确实算是大个子了。它们的体色比较素暗，背面为浅褐色，腹面为浅黄或灰白色。相对于躯干，东方大苇莺的喙和尾略长，体形比较纤巧。如果能近距离仔细看，会发现它们眼睛上有两道浅黄色的条纹，好似两道"眉毛"。

　　东方大苇莺主要分布在亚洲东部、南部。在我国，除了西北干旱地区、西南高原地区外，东部和中部很多地方都有记录。在北京地区，它们主要分布在郊区和城区中有芦苇的湖泊、河流中，多为夏候鸟。在奥林匹克森林公园的潜流湿地经常可以看到它们，而且常常是先闻其声，"呱呱叽——呱呱叽"那嘈杂的叫声让人印象深刻。从名字也能猜到，东方大苇莺主要生活在芦苇丛中，轻巧的身体可以停落在芦苇秆上。它们以昆虫为食，多栖息在浅水的湖畔、河边，有时也会出现在水稻田等地。

噪鹛科

山噪鹛
Plain Laughingthrush
Pterorhinus davidi

山噪鹛（文辉／摄）

　　山噪鹛体长近30厘米，属于体形中等的鸣禽。在噪鹛中，它们的颜值偏低，从头到尾，全身棕褐色，也没有明显的斑纹。相对暗淡的外表，它们颇有"内涵"。因为山噪鹛的鸣叫声非常动听，而且经常在唱歌的同时抖动翅膀、翘起尾巴，这样边唱边跳，就像在枝头开演唱会一样。此外，山噪鹛虽然羽色较暗，但是它们的卵却是明亮的浅蓝色，犹如宝石一般。

　　山噪鹛喜欢生活在山区的树林、灌木丛中。它们是中国的特有鸟种，主要分布在华北至中部地区。在北京，可以在郊区的山林中看到它们。如果运气够好看到它们，不妨停下仔细观察，可能有机会欣赏到它们的歌舞表演。

鸦雀科

山鹛

Beijing Hill Babbler
Rhopophilus pekinensis

　　山鹛的名字与山噪鹛只有一字之差，但是它们是完全不同的两种鸟。山鹛个头不大，体长能到18厘米，尾羽很长，占了总体长的一半以上。它们整体呈红褐色，喉部白色，胸腹部具棕红色纵纹，亮黄色的小眼睛看上去很是精神。

　　山鹛是中国的特有物种，北京地区是它们的主要分布区，不少外地鸟友来京，山鹛可是他们的重点目标鸟种之一。因为它们有个长长的尾巴和看上去有些凶狠的眼睛，在民间有"长尾巴狼"等有趣的俗名。

　　山鹛的分布区主要集中在我国的北方地区，它们生活于干旱地区灌木丛、稀疏矮树的山区，主要以小型昆虫为食，偶尔也吃草籽。山鹛为北京地区的留鸟，全年可见，门头沟、怀柔、延庆等山区地带，有很大的机会看到山鹛。

棕头鸦雀

Vinous-throated Parrotbill
Sinosuthora webbiana

棕头鸦雀（朱雷／摄）

　　棕头鸦雀是一种长相非常"卡通"的鸟类，它们体长只有12厘米，比麻雀还要小，圆头，厚嘴，没脖子，加上长长的尾巴，有点像毛绒玩具。它们的羽色主要为红褐色，头顶和两翼为棕红色，腹部色浅为灰褐色。

　　因为棕头鸦雀这毛茸茸的球形身材，再加上它们的颜色，民间也给它们起了一个非常有趣的名字——"驴粪球儿"。而且冬季的时候，很多只棕头鸦雀经常会挤在一个树枝上。当人们看到一串毛茸茸的小鸟转着滴溜溜圆的小眼睛挤在一起时，内心都要被萌化了。

　　棕头鸦雀主要分布在亚洲东部。在我国，它们主要分布在华北至中部地区。在北京地区，它们一般出现在山区或者城市公园中。棕头鸦雀是北京地区的留鸟，冬季也可以看到，它们喜欢在竹林、灌木丛等地跳来蹦去，寻找昆虫为食。棕头鸦雀的飞行能力一般，拖着长长的尾巴在空中一抖一抖的，憨态可掬。

鸸科

黑头鸸

Chinese Nuthatch
Sitta villosa

黑头鸸（沈岩／摄）

黑头鸸（shī）是一种很有趣的鸣禽，这个小家伙体长约12厘米，非常喜欢在树干上攀爬，民间称其为"贴树皮"。黑头鸸上体多蓝灰色，下体为黄褐色，既然名叫黑头鸸，自然对得起它们那黑黑的头顶，脸部有一道非常明显的白色眉纹，这是它们区别于其他鸸的重要识别点。

黑头鸸的习性很像啄木鸟，它们可以像啄木鸟一样在树干上攀爬。黑头鸸还可以头部朝下，沿着树干呈螺旋形从上往下倒着爬，这种攀爬方式也是鸸科鸟类的典型行为。

黑头鸸分布于亚洲东北部地区。在我国的东北部和中部地区有机会看到它们。国家植物园北园是最容易看到黑头鸸的地点之一，从南门进园直到卧佛寺，在两边的针叶林不难遇到它们。黑头鸸喜欢栖息在以松树为主的针叶林环境，主要以昆虫和松子为食。在秋冬季节，有时可以看到黑头鸸叼着松子，将其藏到树皮中以备冬季之需。如果去国家植物园游玩，在针叶林中听到"当当当"的凿树声，要仔细寻找下，没准儿就会看到这有趣的小鸟。

椋鸟科

灰椋鸟

White-cheeked Starling
Spodiopsar cineraceus

灰椋鸟（关翔宇／摄）

灰椋（liáng）鸟体长约25厘米，体羽多灰色，黑色的头部有个白脸颊，长长的喙部以红色为主，在空中飞行时，可以看到很明显的白腰。

灰椋鸟除繁殖期外，主要成群活动，在我国南方冬季有时可见上千只的大群。有一篇名为《灰椋鸟》的散文，就描述了灰椋鸟傍晚大群归巢的壮观景象。"一开始还是一小群一小群地飞过来，盘旋着，陆续投入刺槐林。没有几分钟，'大部队'便排空而至，老远就听到它们的叫声。它们大都是整群整群地列队飞行。有的排成数百米长的长队，有的围成一个巨大的椭圆形，一批一批，浩浩荡荡地从我们头顶飞过。"灰椋鸟分布在亚欧大陆，在我国，它们广泛分布在北部、东部、南部地区，在北方多为夏候鸟，冬季到华南等地越冬。在北京地区，天坛、动物园等城市公园中不难看到它们。灰椋鸟生活在平原地区，喜欢在树木稀疏的灌木丛、草地等处生活，在树洞中繁殖，它们主要吃昆虫，偶尔也吃果实和草籽。

鸫科

红尾斑鸫（红尾鸫）

Naumann's Thrush
Turdus naumanni

红尾斑鸫（dōng）体长约25厘米，是一种体形中等的鸣禽。红尾斑鸫上体灰褐色，下体浅色具红褐色鳞状斑纹，尾羽红褐色。雄鸟羽色较为艳丽，头部多红褐色；雌鸟较雄鸟羽色黯淡，头部眉纹和脸颊为白色。红尾斑鸫的体色在树丛和枯枝间可以起到很好的保护作用，使其不易被发现。红尾斑鸫原为斑鸫的一个亚种，近年新提升为单独一种。

红尾斑鸫分布在亚洲东部地区。在我国，几乎全境都有记录，多数地区为旅鸟和冬候鸟。在北京，冬季和春秋迁徙时在奥林匹克森林公园、圆明园、国家植物园等城区的林地中不难见到。它们常集小群活动，以昆虫和草籽为主要食物，喜欢栖息在山地、平原的树林和灌木丛地带。

斑鸫

Dusky Thrush
Turdus eunomus

斑鸫（朱雷／摄）

　　斑鸫体长约25厘米，是一种体形中等的鸣禽。斑鸫背部多棕红色，腹部白色具黑色鳞状斑纹，尾羽偏灰褐色。雄鸟头顶黑色，具一非常明显的白色眉纹；雌鸟与雄鸟相似，但羽色较为暗淡，斑纹较少。

　　斑鸫分布在亚洲东部地区。在我国全境几乎都有记录，多数地区为旅鸟和冬候鸟。在北京，春秋迁徙时期和冬季可以在奥林匹克森林公园、北海公园、国家植物园等城区的林地中见到它们。它们常集小群在林地、灌木丛、草地等环境中活动，以昆虫、植物果实、草籽等为食。斑鸫和红尾斑鸫比，多数个体越冬较为靠南。以北京为例，春秋迁徙时期两者都可以看到，而冬季斑鸫的数量要明显少于红尾斑鸫。

鹟科

红胁蓝尾鸲

Orange-flanked Bluetail

Tarsiger cyanurus

红胁蓝尾鸲 雄鸟（关翔宇／摄）

　　红胁蓝尾鸲是一种小型鸣禽，它们体长15厘米左右。红胁蓝尾鸲的雄鸟和雌鸟羽毛颜色差别比较大，雌鸟颜色整体多黄褐色，尾蓝色。雄鸟则要光鲜亮丽很多，身体背部为蓝青色，腹部为白色，眼睛上有一道眉毛似的白色的斑纹，两胁各有一小片浅橙红色的区域，这也是它们得名"红胁"的原因。短短的脖颈，紧凑的身躯，让红胁蓝尾鸲看起来很是可爱。

　　红胁蓝尾鸲分布于亚欧大陆。在我国，它们主要分布于东部地区，在北方繁殖，在南方的广大地区越冬。在北京地区，它们多为早春和深秋季节的迁徙旅鸟，在圆明园、国家植物园等公园中不难见到。近些年，有少量个体即使在寒冷的冬季，也会停留在国家植物园、奥林匹克森林公园。这种小型鸟类喜欢生活在灌木丛下，它们多数时候在地面的枯叶层中寻找昆虫为食，偶尔也吃草籽。

北红尾鸲

Daurian Redstart
Phoenicurus auroreus

北红尾鸲 雄鸟（关翔宇／摄）

　　北红尾鸲体长16厘米左右，是一种小型鸣禽。它们的体形略显卡通，除了尾羽之外，连头在内，整个身体呈卵圆形，看上去就是一个圆圆胖胖的身体，前面有一张小巧的尖喙。雄鸟的色彩很漂亮，头顶偏白，像是戴着白色假发，喉部和背部黑色，翼上有一显著的白色斑块，胸腹部为橙红色；雌鸟较素暗，全身以褐色为主，翼上同样具一白斑。

　　北红尾鸲主要分布在亚洲东部、北部。在我国，除了青藏高原区和西北的干旱、荒漠区，其他地方都有分布记录。在北京地区，四季都可以看到它们。夏季时候，它们喜欢在延庆、门头沟等郊区的中低海拔山地繁殖，有时会利用人工建筑物筑巢。春秋迁徙时期，在圆明园、国家植物园等城区的林地也可以见到。北红尾鸲生活在山地、平原等地的林地、灌木丛环境中，主要以小型昆虫为食。

东亚石䳍（黑喉石䳍）

Stejneger's Stonechat
Saxicola stejnegeri

东亚石䳍 雄鸟（沈岩／摄）

　　东亚石䳍（jí）体长约14厘米，是一种身材小巧的鸣禽。它们喙尖细，腿也很细，看起来有些弱不禁风。东亚石䳍雄鸟头部黑色，背部和翅膀到尾羽近黑色，翼上有一不明显白斑，腹部为红褐色，下颌到两肩，各有一片白色，好像戴了一副白色肩章。东亚石䳍原为黑喉石䳍一个亚种，近期有学者发表文章将其定为独立种。

　　东亚石䳍主要分布在亚欧大陆。在我国主要分布在东部地区。在北京地区，春秋季节，它们主要出现在城市公园或是郊野的开阔地带，像延庆、密云等地开阔多灌木丛环境很容易看到它们。东亚石䳍喜欢栖息在开阔林地、灌木丛环境，有些也会出现在农田、村庄附近，主要以昆虫为食，可在空中捕食。

乌鹟

Dark-sided Flycatcher
Muscicapa sibirica

乌鹟（关翔宇／摄）

　　乌鹟是一种不起眼的小鸟，体长大约13厘米，全身灰褐色的暗淡羽毛，不太引人注意。乌鹟喙较短小，颈部两侧具有比较清晰的白色半颈环，最主要的辨识特征是它们胸部、腹部的深色纹路，纵纹面积大，胸侧和两胁的纵纹连成一片呈晕染状。乌鹟喜欢生活在山地树林中，它们经常站在叶子不多的树枝上观察，发现有昆虫飞过时，会发起突然袭击，运用高超技巧捕获猎物。

　　乌鹟主要分布在亚洲东部，北至西伯利亚、南到东南亚的热带海岛地区都有记录。在我国，它们的分布区比较广，在西南山区的夏季有繁殖种群，东部地区多为旅鸟。在北京地区，春秋迁徙时期在圆明园、颐和园、国家植物园等城市公园不难看到它们。我曾在某年5月上旬和8月下旬，在我家小区的林地中见到过它们的踪影。

北灰鹟

Asian Brown Flycatcher
Muscicapa dauurica

北灰鹟（关翔宇／摄）

北灰鹟个头不大，体长只有13厘米，身材小巧，全身灰褐色的羽毛，不太引人注目。它们和乌鹟很相似，但喙部较大，颈环不明显。此外，北灰鹟大大的眼睛周围有窄窄的白色眼圈，眼圈前颜色比较浅。如果看到停落的北灰鹟，仔细观察你会发现，它们的翅膀比较短，翼尖还不到尾羽的二分之一处。北灰鹟与乌鹟相比，最明显的特征是它们的胸腹部斑纹较少。

北灰鹟习性也和乌鹟相似，喜欢在林间开阔地带活动，常站立在枝头观察，伺机捕捉空中飞过的昆虫。

北灰鹟主要分布在亚洲东部和南部。在我国，主要见于东部地区，从东北到海南都有记录。在北京地区，春秋迁徙时期，它们在圆明园、奥林匹克森林公园等城市公园很容易看到。它们的迁徙时间和乌鹟部分重叠，有时在一小片环境中可以同时看到这两种鸟。

红喉姬鹟

Taiga Flycatcher
Ficedula albicilla

红喉姬鹟 雄鸟（关翔宇／摄）

　　红喉姬鹟体长只有13厘米左右，它们身材比较圆润，圆头，短脖子，尾巴还不时翘起，看起来很是可爱。红喉姬鹟身体主要为灰褐色，背部颜色偏黄褐色，胸腹部颜色偏浅为米黄色，深褐色的尾羽两侧各有一道白边。雄鸟在繁殖期身上最鲜艳的颜色就在喉部，有一小片橙红色，这也是它们得名红喉姬鹟的原因。不过雌鸟、幼鸟和雄鸟的非繁殖羽几乎都看不到红喉。

　　红喉姬鹟分布在亚欧大陆以及非洲的北部地区。在中国，它们的分布范围较广，主要在东部地区。在北京的春秋迁徙时期，红喉姬鹟过境数量较多，可以在奥林匹克森林公园、天坛、圆明园等城市公园中见到。它们主要栖息在低矮山地和平原地区的林地和灌木丛环境中，主要以昆虫为食。

雀科

麻雀（[树]麻雀）

Eurasian Tree Sparrow
Passer montanus

麻雀（关翔宇／摄）

我们常说的麻雀，又名"［树］麻雀"，是我国5种麻雀中分布最广、数量最多的一种。在问大家见过的野生鸟类时，第一个想到的总是麻雀。麻雀体形不大，体长约14厘米。也许因为麻雀太常见，很多人都没有仔细观察过麻雀的模样。它们整体呈棕褐色，头顶棕色，喉部黑色，最为俏皮的是灰白色的脸颊上有个黑斑，仿佛一颗黑痣嵌在脸上。鸦科和燕雀科的很多鸟类，体形和羽色都与麻雀相似。这块标志性的黑斑就是区别麻雀与其他"麻"色鸟类的依据之一。有空闲时间时，去仔细观察麻雀，也许你就会喜欢上这个常见又很可爱的小家伙。

麻雀是典型的伴人鸟，有人类居住的地方能都看到它们的身影。麻雀适应能力非常强，食性很杂，昆虫、谷物、植物果实都在它们的食谱上。

麻雀分布在欧洲、亚洲等地区。在我国，它们的分布范围很广，几乎全境皆有记录。在北京地区，麻雀是最容易看到的野生鸟类。

鹡鸰科

灰鹡鸰

Grey Wagtail
Motacilla cinerea

灰鹡鸰（沈岩／摄）

灰鹡鸰（jí líng）体长约19厘米。虽然名字叫灰鹡鸰，但其颜色搭配很鲜艳。它们的头部、脖颈、背部为灰色，两翼多黑色，胸腹部为浓艳的黄色。如果有机会近距离仔细观察，你会发现它们灰色的脸上还有白色的眉纹，就像描了眼线。

灰鹡鸰广布于亚欧大陆、非洲和大洋洲。在我国，几乎全国各地都能看到。在北京地区，它们多出现在郊区的河流湿地和城市绿地中，多为夏候鸟和旅鸟。在房山的十渡、怀柔的白河峡谷、延庆的松山地区，如果沿着溪流寻找，有很大的概率遇到。灰鹡鸰常栖息在河流、湖泊等环境中，有时也会在草地上寻找昆虫、草籽等食物。

白鹡鸰

White Wagtail
Motacilla alba

白鹡鸰（沈岩／摄）

白鹡鸰是一种漂亮的小鸟，体长约20厘米，身材修长。它们全身的羽毛为黑、白、灰三色，色彩不多，很是素雅。白鹡鸰亚种较多，简单的配色却形成了好多不同的图案，比如有的有贯眼纹，有的没有；有的胸前大片黑色像个围嘴，有的却前胸洁白。

白鹡鸰经常出现在河流、溪水边，在水边草地上寻找小虫等食物，偶尔也会吃草籽。白鹡鸰在空中的飞行姿态很有特点，呈波浪状曲线飞行，常常边飞边叫，叫声为尖锐的"叽呤，叽呤"。它们也擅长在空中上下翻飞追捕昆虫。

白鹡鸰广泛分布于亚欧大陆以及非洲，北美洲也有记录。在我国，各个省份都有分布，在北方地区为夏候鸟和旅鸟。在北京地区，白鹡鸰多出现在郊区的水库、湖泊湿地附近，有时在城市公园、绿地中也可以看见。虽然很难看到成百上千的白鹡鸰大群，但它们却是我国最容易看到的野生鸟类之一。以北京地区为例，只要是近水的地区，有时甚至是草地环境，四季都可以看到它们。

树鹨

Olive-backed Pipit
Anthus hodgsoni

树鹨（关翔宇／摄）

树鹨体长约16厘米，是一种小型鸣禽。它们外表并不引人注目，背部主要为橄榄绿色，眉纹偏白色，耳后有一白斑，腹部米黄色具黑色纵纹。

树鹨喜在林下草地奔走寻觅昆虫、草籽等食物。在野外停栖时，尾巴常上下摆动。它们主要栖息在低海拔的阔叶林、针阔叶混交林和针叶林等山地森林中，常成小群活动。

树鹨主要分布在亚欧大陆。在我国，除了西北干旱地区，大部分地区都有记录，在北方为旅鸟，在南方部分地区为冬候鸟。在北京的春秋迁徙时期，城市公园、绿地环境的林下草地，都不难看到它们。不过由于它们的颜色素暗，在草丛、树丛中很难被发现。

燕雀科

燕雀

Brambling

Fringilla montifringilla

燕雀 雄鸟（关翔宇／摄）

　　燕雀体长16厘米左右，是一种小型鸣禽。它们身上多为黑色和橘色，配色与兽中之王老虎相似，所以它们在民间被称为"虎皮雀"。看到燕雀这个名字，很多人都认为，它们就是"燕雀安知鸿鹄之志"中的那种没有志向的小鸟，不过古文中的"燕雀"两字是泛指燕和雀之类的小鸟。

　　燕雀广泛分布于北半球，亚欧大陆和北美洲都有记录。在我国，它们广布于东部地区。在北京的冬季，国家植物园、紫竹院、圆明园等城市公园以及十三陵、东灵山等郊区林地环境中都可以看到它们，有时还能见到百只以上的大群。燕雀喜欢生活在阔叶林、针阔叶混交林中，尤其喜欢在桦树林中生活。它们经常成群出现，一起在树枝上、地面上觅食。燕雀平时主要以草籽和植物果实为食，在农作物收获的季节，也会成群去吃谷物。

金翅雀

Grey-capped Greenfinch
Chloris sinica

金翅雀（沈岩／摄）

　　金翅雀是一种小型鸣禽，体长14厘米左右。金翅雀个子不大，但浑圆的体态，加上短短的脖颈、粗喙，看起来比较壮实。它们名叫"金翅"是因为翅膀上有明显的金黄色，尤其是飞行时很是明显。除了翅膀上的金色，它们整体颜色偏淡，羽毛以深浅不同的灰褐、黄褐色为主。如果近距离仔细观察，能发现它们眼睛周围的羽毛颜色比较深，看起来像化了烟熏妆。除了外貌，金翅雀最让人难以忘怀的还是它们那"嘀呤呤呤呤……"略带颤音的叫声，但很多时候当你听到声音抬头看时，就只能看到一个远去的背影了。

　　金翅雀主要分布在亚洲东部从北到南的广大区域，欧洲也有记录。在我国，除了西部干旱地区以及青藏高原，大部分地区都有分布记录，不过主要分布在东北、华北以及华东、华南等地。在北京地区，圆明园、奥林匹克森林公园等地就可以看到它们，在很多住宅小区也有观察记录。金翅雀喜欢生活在海拔比较低的山林、平原上，尤好在针叶林活动，多在稀疏的灌木丛、树林或者开阔的田野里找食，主要吃草籽、野果等，有时也会吃农作物。

黑尾蜡嘴雀
Chinese Grosbeak
Eophona migratoria

黑尾蜡嘴雀 雄鸟（关翔宇／摄）

　　黑尾蜡嘴雀属于体形较大的燕雀科鸟类，体长18厘米左右。它们的体形和金翅雀相似，整体很壮实，有着短且粗的喙部。它们雄鸟和雌鸟外貌差异较大。雄鸟的外观比较鲜艳，虽然叫"黑尾"，其实它们的头、尾都是黑色的，特别是头部，黑色羽毛与脖颈的浅色羽毛界限分明，像戴了一个黑头套，这也让它们浅黄色的喙部更加明显。雌性与雄性体形相似，但头为灰褐色。

　　黑尾蜡嘴雀分布在亚欧大陆。在我国分布范围很广，大部分地区都有记录，在北方地区多为夏候鸟。在北京地区，黑尾蜡嘴雀四季都可见，经常出现在天坛、农展馆等处的绿地中。黑尾蜡嘴雀生活在低山丘陵或者平原地带，在稀疏的树林或开阔地带觅食，主要吃草籽、果实、植物嫩芽，有时也捕捉小型昆虫。

鹀科

灰眉岩鹀

Godlewski's Bunting
Emberiza godlewskii

灰眉岩鹀 雄鸟（关翔宇／摄）

　　灰眉岩鹀体长大约17厘米，属于小型鸣禽。它们体形很像麻雀，经常被误认为是颜色略花哨的麻雀，但它们的尾羽更长一些。灰眉岩鹀身体大部分地方的羽毛是深浅不同的褐色。它们的头部很有特色，脸上有多道灰色和棕色相间的横纹——"眉毛"处有一道灰纹，眼睛被一道棕色纹贯穿，脸颊为灰色，脸颊下又有一道黑纹——整个脸看起来有些滑稽。

　　灰眉岩鹀主要分布在亚欧大陆。在我国，有多个亚种，分布区比较广。在北京多出现在延庆、密云、门头沟等山地环境中，四季可见。它们喜欢生活在比较开阔的荒山、稀疏的灌木丛地带，从平原到中海拔的山区，都可以生活。灰眉岩鹀食性比较杂，植物果实、种子、小虫等都会吃，有时也会到人类的耕地中寻找散落的谷物颗粒。

三道眉草鹀

Meadow Bunting
Emberiza cioides

三道眉草鹀 雄鸟（关翔宇／摄）

　　三道眉草鹀体长大约16厘米，是鹀类中体形较大的一种。它们体形似麻雀，但是略大，身体羽毛颜色比灰眉岩鹀更像麻雀。雄鸟头部深浅色的条纹相间分布，很有特色。头顶深褐色，眼睛上方有一道非常明显的白色"眉毛"，眼睛前方有一道短短的黑线，眼后为深褐色渐宽的条纹，眼下又是一道白纹，下面是一道近黑色横纹，整个下颌则是白色——一张小脸很是花哨，侧脸看上去像京剧脸谱般丰富。雌鸟羽色较雄鸟暗淡。

　　三道眉草鹀主要分布在亚洲东北部。我国的大部分地区都有分布。在北京地区，多出现在密云、延庆、怀柔等郊区，虽然数量不少，但由于生性比较警惕，加之外形与麻雀相近，即使被观察到也不易被认出。三道眉草鹀喜欢生活在山区、平原地区的灌木丛、林地等环境中，它们的食谱比较杂，昆虫、草籽、浆果等都是它们的食物。

小鹀

Little Bunting
Emberiza pusilla

小鹀（沈岩／摄）

　　小鹀是鹀科鸟类中体形比较小的鸟类，体长13厘米左右，比麻雀还要小上一圈。身上的羽毛以黄褐色为主，胸腹为白色，胸前有一些深色纵条纹。小鹀最大的特点是面部呈红色，因此有人误认为是红脸的麻雀。小鹀头顶的羽毛略为耸立，看起来像戴了小型的头盔，不过除了春季繁殖季节，多数时期头冠并不太明显。

　　小鹀主要分布在亚欧大陆。在中国，迁徙时几乎整个东部地区都可以看到它们，在西部地区也有少量记录。在北京地区，春秋迁徙时期它们会经常出现在城市公园中，因为颜色接近枯木，又形如麻雀，所以经常被忽略。在国家植物园北园，我们一个上午曾见过近千只小鹀飞过。它们喜欢生活在丘陵、平原的树林、灌木丛中，主要以吃草籽、果实为主，有时也吃昆虫和谷物等。

黄喉鹀
Yellow-throated Bunting
Emberiza elegans

黄喉鹀 上雄下雌（关翔宇／摄）

　　黄喉鹀是一种小型鸣禽，体长15厘米左右。黄喉鹀羽色艳丽，特征明显，不易认错。特别是雄鸟，头部颜色以亮黄色和黑色构成，颜色、线条分明，很有特色。头顶有一小撮竖立起来的黑色羽冠，虽然不大，但是让它们显得很精神，而且眼睛附近有一道宽宽的黑色羽毛。此外，它们名叫"黄喉"名副其实，喉部亮黄色的羽毛非常明显。雌鸟长相与雄鸟类似，不过羽色略暗。

　　黄喉鹀主要分布于亚洲的东部、北部地区，欧洲也有记录。在我国，它们分布在东部多数地区。黄喉鹀喜欢生活在丘陵山地的森林边缘，特别是针叶林及稀疏的灌木丛环境中。夏季它们会出现在北京郊区的山林中，尤其是中高海拔的针叶林附近，其余季节，它们会到国家植物园、圆明园、奥林匹克森林公园等低海拔的城市公园。黄喉鹀有时会结成小群在林地间找昆虫和草籽为食。

苇鹀

Pallas's Bunting
Emberiza pallasi

苇鹀 雄鸟 繁殖羽 上图（关翔宇／摄）
非繁殖羽 下图（沈岩／摄）

　　苇鹀体长14厘米左右，全身多褐色，带有深浅不同的斑杂花纹。雄鸟繁殖羽头部黑色，很容易识别，非繁殖羽整体多为灰褐色。对于不熟悉鸟类的人来说，很可能把它们当作麻雀而不去留意。苇鹀的喙比麻雀短小，尾羽也更长一些。此外，它们一般较少出现在人口密集的地方，更多在乡村、郊区多芦苇的湿地环境出现。

　　苇鹀虽然名字中有"苇"字，但它们生活的地方并不限于芦苇塘，也会在丘陵灌木丛地带生活。苇鹀以草籽为主要食物，有时也会吃小型昆虫。它们数量较多，冬季有时成小群活动。

　　苇鹀主要分布于亚欧大陆。在我国广大地区都有分布记录，不过最多出现的地方还是东部地区。在北京地区，苇鹀多见于冬季，春秋季节也可以看到迁徙种群，在密云水库、官厅水库甚至奥林匹克森林公园中的湿地和灌木丛附近，很容易看到它们。

附录：

北京地区100种常见鸟类名录

序号	学名	中文名	英文名	曾用名
鸡形目	GALLIFORMES	雉科	Phasianidae	
001	*Phasianus colchicus*	雉鸡	Common Pheasant	环颈雉
雁形目	ANSERIFORMES	鸭科	Anatidae	
002	*Anser serrirostris*	短嘴豆雁	Tundra Bean Goose	
003	*Cygnus cygnus*	大天鹅	Whooper Swan	
004	*Cygnus columbianus*	小天鹅	Tundra Swan	
005	*Tadorna ferruginea*	赤麻鸭	Ruddy Shelduck	
006	*Aix galericulata*	鸳鸯	Mandarin Duck	
007	*Mareca strepera*	赤膀鸭	Gadwall	
008	*Anas platyrhynchos*	绿头鸭	Mallard	
009	*Anas zonorhyncha*	斑嘴鸭	Chinese Spot-billed Duck	
010	*Anas crecca*	绿翅鸭	Eurasian Teal	
011	*Aythya fuligula*	凤头潜鸭	Tufted Duck	
012	*Bucephala clangula*	鹊鸭	Common Goldeneye	
013	*Mergus merganser*	普通秋沙鸭	Common Merganser	
鸊鷉目	PODICIPEDIFORMES	鸊鷉科	Podicipedidae	
014	*Tachybaptus ruficollis*	小鸊鷉	Little Grebe	
015	*Podiceps cristatus*	凤头鸊鷉	Great Crested Grebe	
鹈形目	PELECANIFORMES	鹭科	Ardeidae	
016	*Ixobrychus sinensis*	黄苇鳽	Yellow Bittern	
017	*Nycticorax nycticorax*	夜鹭	Black-crowned Night Heron	
018	*Ardeola bacchus*	池鹭	Chinese Pond Heron	
019	*Ardea cinerea*	苍鹭	Grey Heron	
020	*Ardea alba*	大白鹭	Great Egret	
021	*Egretta garzetta*	白鹭	Little Egret	

序号	学名	中文名	英文名	曾用名
鲣鸟目	SULIFORMES	鸬鹚科	Phalacrocoracidae	
022	*Phalacrocorax carbo*	普通鸬鹚	Great Cormorant	
鹰形目	ACCIPITRIFORMES	鹰科	Accipitridae	
023	*Pernis ptilorhynchus*	凤头蜂鹰	Crested Honey-buzzard	
024	*Accipiter nisus*	雀鹰	Eurasian Sparrowhawk	
025	*Circus cyaneus*	白尾鹞	Hen Harrier	
026	*Milvus migrans*	黑鸢	Black Kite	黑耳鸢
027	*Buteo japonicus*	普通鵟	Eastern Buzzard	
隼形目	FALCONIFORMES	隼科	Falconidae	
028	*Falco tinnunculus*	红隼	Common Kestrel	
029	*Falco amurensis*	红脚隼	Amur Falcon	阿穆尔隼
030	*Falco subbuteo*	燕隼	Eurasian Hobby	
鹤形目	GRUIFORMES	秧鸡科	Rallidae	
031	*Gallinula chloropus*	黑水鸡	Common Moorhen	
鹤形目	GRUIFORMES	鹤科	Gruidae	
032	*Grus grus*	灰鹤	Common Crane	
鸻形目	CHARADRIIFORMES	反嘴鹬科	Recurvirostridae	
033	*Himantopus himantopus*	黑翅长脚鹬	Black-winged Stilt	
鸻形目	CHARADRIIFORMES	鸻科	Charadriidae	
034	*Vanellus vanellus*	凤头麦鸡	Northern Lapwing	
035	*Charadrius dubius*	金眶鸻	Little Ringed Plover	
036	*Charadrius alexandrinus*	环颈鸻	Kentish Plover	
鸻形目	CHARADRIIFORMES	丘鹬科	Scolopacidae	
037	*Gallinago gallinago*	扇尾沙锥	Common Snipe	
038	*Tringa ochropus*	白腰草鹬	Green Sandpiper	
039	*Actitis hypoleucos*	矶鹬	Common Sandpiper	
鸻形目	CHARADRIIFORMES	鸥科	Laridae	
040	*Chroicocephalus ridibundus*	红嘴鸥	Black-headed Gull	
鸽形目	COLUMBIFORMES	鸠鸽科	Columbidae	
041	*Columba rupestris*	岩鸽	Hill Pigeon	
042	*Streptopelia orientalis*	山斑鸠	Oriental Turtle Dove	

序号	学名	中文名	英文名	曾用名
043	*Streptopelia decaocto*	灰斑鸠	Eurasian Collared Dove	
044	*Spilopelia chinensis*	珠颈斑鸠	Spotted Dove	
鹃形目	CUCULIFORMES	杜鹃科	Cuculidae	
045	*Cuculus canorus*	大杜鹃	Common Cuckoo	
鸮形目	STRIGIFORMES	鸱鸮科	Strigidae	
046	*Otus sunia*	红角鸮	Oriental Scops Owl	东方角鸮
047	*Asio otus*	长耳鸮	Long-eared Owl	
雨燕目	APODIFORMES	雨燕科	Apodidae	
048	*Apus apus*	普通雨燕	Common Swift	北京雨燕
佛法僧目	CORACIIFORMES	翠鸟科	Alcedinidae	
049	*Alcedo atthis*	普通翠鸟	Common Kingfisher	
犀鸟目	BUCEROTIFORMES	戴胜科	Upupidae	
050	*Upupa epops*	戴胜	Common Hoopoe	
䴕形目	PICIFORMES	啄木鸟科	Picidae	
051	*Yungipicus canicapillus*	星头啄木鸟	Grey-capped Pygmy Woodpecker	
052	*Dendrocopos major*	大斑啄木鸟	Great Spotted Woodpecker	
053	*Picus canus*	灰头绿啄木鸟	Grey-headed Woodpecker	
雀形目	PASSERIFORMES	伯劳科	Laniidae	
054	*Lanius cristatus*	红尾伯劳	Brown Shrike	
055	*Lanius sphenocercus*	楔尾伯劳	Chinese Grey Shrike	
雀形目	PASSERIFORMES	卷尾科	Dicruridae	
056	*Dicrurus macrocercus*	黑卷尾	Black Drongo	
雀形目	PASSERIFORMES	鸦科	Corvidae	
057	*Cyanopica cyanus*	灰喜鹊	Azure-winged Magpie	
058	*Urocissa erythroryncha*	红嘴蓝鹊	Red-billed Blue Magpie	
059	*Pica serica*	喜鹊	Oriental Magpie	
060	*Coloeus dauuricus*	达乌里寒鸦	Daurian Jackdaw	
061	*Corvus corone*	小嘴乌鸦	Carrion Crow	
062	*Corvus macrorhynchos*	大嘴乌鸦	Large-billed Crow	
雀形目	PASSERIFORMES	山雀科	Paridae	
063	*Pardaliparus venustulus*	黄腹山雀	Yellow-bellied Tit	

序号	学名	中文名	英文名	曾用名
064	*Poecile palustris*	沼泽山雀	Marsh Tit	
065	*Poecile montanus*	褐头山雀	Willow Tit	
066	*Parus minor*	大山雀	Japanese Tit	远东山雀
雀形目	PASSERIFORMES	百灵科	Alaudidae	
067	*Alauda arvensis*	云雀	Eurasian Skylark	
雀形目	PASSERIFORMES	鹎科	Pycnonotidae	
068	*Pycnonotus sinensis*	白头鹎	Light-vented Bulbul	
雀形目	PASSERIFORMES	燕科	Hirundinidae	
069	*Hirundo rustica*	家燕	Barn Swallow	
070	*Cecropis daurica*	金腰燕	Red-rumped Swallow	
雀形目	PASSERIFORMES	长尾山雀科	Aegithalidae	
071	*Aegithalos glaucogularis*	银喉长尾山雀	Silver-throated Bushtit	
雀形目	PASSERIFORMES	柳莺科	Phylloscopidae	
072	*Phylloscopus fuscatus*	褐柳莺	Dusky Warbler	
073	*Phylloscopus proregulus*	黄腰柳莺	Pallas's Leaf Warbler	
074	*Phylloscopus inornatus*	黄眉柳莺	Yellow-browed Warbler	
雀形目	PASSERIFORMES	苇莺科	Acrocephalidae	
075	*Acrocephalus orientalis*	东方大苇莺	Oriental Reed Warbler	
雀形目	PASSERIFORMES	噪鹛科	Leiothrichidae	
076	*Pterorhinus davidi*	山噪鹛	Plain Laughingthrush	
雀形目	PASSERIFORMES	鸦雀科	Paradoxornithidae	
077	*Rhopophilus pekinensis*	山鹛	Beijing Hill Babbler	
078	*Sinosuthora webbiana*	棕头鸦雀	Vinous-throated Parrotbill	
雀形目	PASSERIFORMES	䴓科	Sittidae	
079	*Sitta villosa*	黑头䴓	Chinese Nuthatch	
雀形目	PASSERIFORMES	椋鸟科	Sturnidae	
080	*Spodiopsar cineraceus*	灰椋鸟	White-cheeked Starling	
雀形目	PASSERIFORMES	鸫科	Turdidae	
081	*Turdus naumanni*	红尾斑鸫	Naumann's Thrush	红尾鸫
082	*Turdus eunomus*	斑鸫	Dusky Thrush	

序号	学名	中文名	英文名	曾用名
雀形目	PASSERIFORMES	鹟科	Muscicapidae	
083	*Tarsiger cyanurus*	红胁蓝尾鸲	Orange-flanked Bluetail	
084	*Phoenicurus auroreus*	北红尾鸲	Daurian Redstart	
085	*Saxicola stejnegeri*	东亚石䳭	Stejneger's Stonechat	黑喉石䳭
086	*Muscicapa sibirica*	乌鹟	Dark-sided Flycatcher	
087	*Muscicapa dauurica*	北灰鹟	Asian Brown Flycatcher	
088	*Ficedula albicilla*	红喉姬鹟	Taiga Flycatcher	
雀形目	PASSERIFORMES	雀科	Passeridae	
089	*Passer montanus*	麻雀	Eurasian Tree Sparrow	[树]麻雀
雀形目	PASSERIFORMES	鹡鸰科	Motacillidae	
090	*Motacilla cinerea*	灰鹡鸰	Grey Wagtail	
091	*Motacilla alba*	白鹡鸰	White Wagtail	
092	*Anthus hodgsoni*	树鹨	Olive-backed Pipit	
雀形目	PASSERIFORMES	燕雀科	Fringillidae	
093	*Fringilla montifringilla*	燕雀	Brambling	
094	*Chloris sinica*	金翅雀	Grey-capped Greenfinch	
095	*Eophona migratoria*	黑尾蜡嘴雀	Chinese Grosbeak	
雀形目	PASSERIFORMES	鹀科	Emberizidae	
096	*Emberiza godlewskii*	灰眉岩鹀	Godlewski's Bunting	
097	*Emberiza cioides*	三道眉草鹀	Meadow Bunting	
098	*Emberiza pusilla*	小鹀	Little Bunting	
099	*Emberiza elegans*	黄喉鹀	Yellow-throated Bunting	
100	*Emberiza pallasi*	苇鹀	Pallas's Bunting	

本名录根据《中国鸟类名录10.0》整理，所用分类系统依据该系统。北京鸟类种类记录约有515种，本名录从中选取并列出北京地区的100种常见鸟类。

（关翔宇／整理）

图书在版编目（CIP）数据

北京观鸟地图／关翔宇，刘莹著. —— 北京：北京
出版社，2023.10
　　ISBN 978-7-200-13478-0

　　Ⅰ.①北… Ⅱ.①关… ②刘… Ⅲ.①鸟类－介绍－
北京 Ⅳ.① Q959.708

中国版本图书馆 CIP 数据核字 (2017) 第 266437 号

总　策　划：高立志　　　　　策划编辑：司徒剑萍

责任编辑：李更鑫　　　　　　责任营销：猫　娘

责任印制：陈冬梅　　　　　　封面图片：韩霄林　万　伟

装帧设计：林海波

北京观鸟地图
BEIJING GUANNIAO DITU
关翔宇　刘莹　著

出　　　版　北京出版集团
　　　　　　北京出版社
总　发　行　北京伦洋图书出版有限公司
印　　　刷　北京华联印刷有限公司
开　　　本　32 开
印　　　张　6.375
字　　　数　155 千字
版　　　次　2023 年 10 月第 1 版
印　　　次　2023 年 10 月第 1 次印刷
书　　　号　978-7-200-13478-0
定　　　价　68.00 元